普通高等教育"十三五"规划教材

无机非金属材料工程专业创新实验

李志辉　罗旭东　编著

北　京
冶金工业出版社
2017

内容简介

本书以无机非金属材料工程专业的主要理论课程和实践课程为章节编写，分为8章，共70个实验项目。本书实验主要包括材料科学基础实验、无机非金属材料热工基础实验、无机非金属材料基础实验、耐火材料岩相学实验、耐火材料化学分析实验、耐火材料原料实验、材料现代研究方法实验和无机非金属材料工艺实验。其中第1章~第7章为理论课程的课内相关实验，第8章为独立设置的实验课程。

本书为无机非金属材料工程、材料科学与工程、冶金工程、能源与动力工程、土木工程、功能材料、材料化学等专业的实验教材（配有教学课件），也可供相关生产、管理、科研、检测等工程技术人员和科技工作者参考。

图书在版编目(CIP)数据

无机非金属材料工程专业创新实验/李志辉，罗旭东编著. —北京：冶金工业出版社，2016.12（2017.11重印）
普通高等教育“十三五”规划教材
ISBN 978-7-5024-7434-8

Ⅰ.①无… Ⅱ.①李… ②罗… Ⅲ.①无机非金属材料—实验—高等学校—教材 Ⅳ.①TB321-33

中国版本图书馆CIP数据核字（2016）第312298号

出版人 谭学余
地　址 北京市东城区嵩祝院北巷39号 邮编 100009 电话 (010)64027926
网　址 www.cnmip.com.cn 电子信箱 yjcbs@cnmip.com.cn
责任编辑 杜婷婷 美术编辑 杨 帆 版式设计 彭子赫
责任校对 禹 蕊 责任印制 李玉山
ISBN 978-7-5024-7434-8
冶金工业出版社出版发行；各地新华书店经销；三河市双峰印刷装订有限公司印刷
2016年12月第1版，2017年11月第2次印刷
787mm×1092mm 1/16；11.75印张；280千字；177页
33.00元

冶金工业出版社 投稿电话 (010)64027932 投稿信箱 tougao@cnmip.com.cn
冶金工业出版社营销中心 电话 (010)64044283 传真 (010)64027893
冶金书店 地址 北京市东四西大街46号(100010) 电话 (010)65289081(兼传真)
冶金工业出版社天猫旗舰店 yjgycbs.tmall.com

前　言

当今世界经济和科学技术高速发展将人类文明推进到崭新的21世纪，这些都是以信息科学、生命科学和材料科学的发展作为支撑的。材料是一切技术发展的物质基础，也是人类进化的重要标志。材料科学是研究材料的成分、组织结构、制备工艺与材料性能及应用之间相互关系和变化规律的一门应用基础科学，材料科学的发展对有机高分子、金属和无机非金属材料的研制与生产起到巨大的推动作用。

为了满足高等学校无机非金属材料工程专业创新实验教学改革的需求，适应市场经济和时代发展的要求，培养具有扎实专业知识、较强动手能力和创新精神的拔尖人才，编者在多年教学经验的基础上编著了本教材。

实践教学是对学生进行业务技能教育和培养的必修课程，它有助于学生将理论知识进行消化。实验教学是容易开展和行之有效的实践教学环节，是培养学生掌握知识和提高能力的最佳方法之一。本教材的主要目的是对学生在进行实验方案设计时起指导作用，为学生较早地参加科研和开展创新活动创造有利的条件，使学生对无机非金属材料的科学研究工作有较完整和系统深刻的认识和掌握，同时适应培养复合型人才的办学宗旨。

本教材的主要特点是：以辽宁科技大学无机非金属材料工程专业的主要理论课程和实践课程为章节进行编排，按照开课顺序共分为8章，其中第8章为独立设置的实验课程，其余各章为理论课程的课内相关实验，共计70个实验项目。这种编排有助于学生有针对性地预习和选择实验项目，加深对理论知识的理解与实践，有助于学生综合能力的培养与提高。本教材不仅能够满足无机非金属材料工程专业的学生掌握全面、系统的专业实验技能和实验教学要求，还可以为材料科学与工程、冶金工程、能源与动力工程、土木工程、功能材料、材料化学等相关专业的学生提供学习参考，也可供从事与无机非金属材料有关的生产、管理、科研、检测等工程技术人员和科研工作者阅读。

本教材由辽宁科技大学高温材料与镁资源工程学院和辽宁省镁质材料工程研究中心李志辉副教授、罗旭东副教授编著，全书由李志辉副教授负责全权统稿。参编人员编写分工如下：李婷工程师编写了第1章，张玲教授编写了第4

章，徐娜工程师编写了第5章，关岩副教授编写了第6章，辽宁省冶金地质勘查局水文地质大队（辽冶建设工程有限公司）翟劭晖高级工程师编写了第8章的水泥实验部分。在部分章节的编著过程中得到了陈树江教授、吴锋副教授、田琳副教授、王春艳老师、栾旭讲师，以及辽宁科技大学材料与冶金学院刘英义老师、朱晶老师、刘颖杰老师、李丽丽老师、张松老师、吕楠老师、赵南嵘老师等教师的支持与帮助。同时在本教材的编著过程中，参考了有关资料文献，在此一并表示衷心的感谢。

本书配套教学课件，读者可在冶金工业出版社官网(http：//www.cnmip.com.cn)输入书名、搜索资源并下载。

由于编者水平所限，书中难免存在不妥或遗漏之处，敬请读者批评指正并提出宝贵意见，以便进一步修正。

李志辉于鞍山

2016年9月

目 录

1 材料科学基础

Foundation of Material Science

学科的发展必然带来教学体系的相应变化，自20世纪60年代起，美国高校开始出现以“材料科学与工程”系取代原先“冶金”系的变革，将专业范围由金属扩大到陶瓷，并进一步包含高分子材料。我国也于20世纪80年代初试办“材料科学”专业与国际接轨，后将“材料科学与工程”定为“材料类”，所属本科二级专业目录。而后，原属于“材料科学与工程”的三级“冶金工程”、“金属材料工程”、“无机非金属材料工程”、“高分子材料与工程”、“材料成型及控制工程”等专业纷纷独立招生。目前，这些专业都是以“材料科学基础”作为主要理论基础课程。它起到承上启下的作用，学生运用学过的基础知识，连接后续有关专业（基础）和实践课程，顺利完成自身的大学本科教学体系。本章是为无机非金属材料工程专业学生开设的两个实验项目。

第1节　实验1-1　材料的变形与再结晶

一、实验目的

（1）学会材料经过冷塑性变形后显微组织的观察。

（2）掌握变形度与加热温度对再结晶后晶粒大小的影响。

二、实验原理

金属材料经过冷变形后，产生大量晶体结构上的缺陷，这些缺陷阻碍了变形的进一步发展，在性能上产生加工硬化现象，在显微组织上，则产生晶粒形状上的改变并出现滑移带。

（1）冷变形后金属的显微组织与机械性能。冷加工变形后，晶粒的大小、形状及分布都会发生改变。晶粒沿外力方向被拉长（或被缩短），当变形度很大时晶界已不明显，分辨不出晶粒形状，看到的只是纤维状组织。

在变形过程中，由于滑移带的转动及晶粒的破碎，晶格弯曲和冷变形使位错密度增加，造成临界切应力提高，继续变形发生困难即产生所谓的加工硬化现象。

（2）冷加工变形后金属再加热时的变化。金属经过冷塑性变形后，其金相组织处于不稳定状态，因而在随后的加热升温过程中，会出现回复、再结晶及晶粒长大三个过程。再结晶退火后金属发生软化，即加工硬化被消除。再结晶后金属的力学性能取决于晶粒大小，而晶粒大小则受预先冷变形度和再结晶温度的控制。

变形度对再结晶后晶粒长大的影响特别显著。金属存在一个能进行再结晶的最小变形度，此时会得到过大的晶粒，该变形度被称为临界变形度（铝约3%）。当超过临界变形度时，金属的变形度越大，再结晶后的晶粒越小，而超过80%变形度后晶粒又变大。

当变形度一定时，加热温度越高，再结晶进行得越快，再结晶后形成的新晶粒也越大。

三、实验设备及材料

（1）实验设备有切板机、箱式电阻炉、微机控制电液伺服万能试验机。

（2）实验材料有纯铝片、浓硝酸、浓盐酸、量杯、医用托盘、竹夹子。

四、实验步骤

（1）试样准备。实验使用材料为纯铝片，先用切板机将铝板切成条状样片，拉伸前的铝片有一定变形，为消除在剪切过程中铝片所受的冷加工效应，避免影响随后得到的变形度，必须预先将铝片在箱式电阻炉中进行退火（500℃、保温 1h），使铝片处于软化状态。

（2）加工变形。首先，在退火软化的铝片上划好标距，如图 1-1 所示。然后，将铝片安放到微机控制电液伺服万能试验机的拉伸装置上，调整好后进行拉伸，当标距被拉长到需要的长度时即停止拉伸，变形严重不均匀者报废。

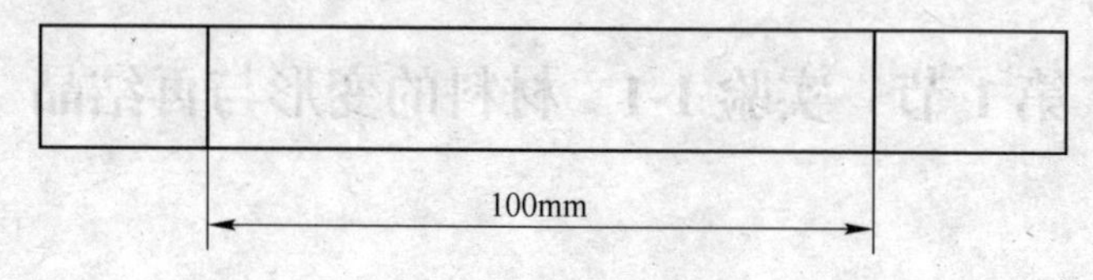

图 1-1 试样尺寸

拉伸变形度按式（1-1）进行计算：

$$\delta = \frac{L - L_0}{L_0} \times 100\% \tag{1-1}$$

式中 δ——变形度，%；

L_0——拉伸前标距长度，mm；

L——拉伸后标距长度，mm。

实验所用变形度及试样编号由学生自行确定，应注意不要使铝片受到任何冲击和不应有的变形，以保证试验结果的准确。

（3）再结晶退火。各组学生将拉伸后的铝片按各组制定的退火温度进行退火，加热时要等炉温升到规定的温度再放试样，保温 1h，试样取出后在空气中冷却。

（4）酸侵蚀。将退火完的铝片用混合酸溶液进行侵蚀，待晶粒显出后即停止侵蚀，用水冲洗干净后吹干。

（5）晶粒度测定。铝的形变再结晶晶粒比较粗大，因此肉眼可以直接观测，为了计算晶粒大小，有直接测量晶粒面积或直径法与标准图比较法。其中直径测定法方法如下：

首先在侵蚀好的铝片上用铅笔划 3~4 条线，每条线的长度以能割 10~20 个晶粒为限，大晶粒的可以直接目测，细小的可以用放大镜测。数出各直线所截完整的晶粒数及不完整的晶粒数的一半（两个不完整的晶粒数算一个），代入式（1-2）即可求出晶粒的平均直

径 D_m。

$$D_m = \frac{LP \times 10^3}{ZV} \quad (\mu m) \tag{1-2}$$

式中　L——直线长度，mm；

P——平行直线数目，条；

Z——总晶粒数，个；

V——放大倍数（目测为 V=1，放大镜测时 $V \neq 1$）。

五、思考题

（1）绘出材料经不同变形度后再结晶退火的组织示意图。

（2）分析材料经过冷塑性变形后显微组织及力学性能的变化。

（3）分析变形度与加热温度对材料再结晶后晶粒大小有何影响。

第 2 节　实验 1-2　铁碳合金平衡组织显微分析

一、实验目的

（1）观察和识别铁碳合金在平衡状态下的显微组织特征。

（2）了解含碳量对铁碳合金平衡组织的影响以及 $Fe\text{-}Fe_3C$ 状态图与平衡组织的关系。

（3）了解平衡组织的转变规律，并能应用杠杆定律和显微组织示意图分析碳钢的种类。

（4）熟悉金相显微镜的使用。

二、实验原理

所谓平衡状态指的是铁碳合金在非常缓慢的冷却条件下完成转变的组织状态。在实验条件下，可以将退火状态下的碳钢组织作为平衡状态下的组织，典型的铁碳合金平衡组织如图 1-2 所示。

（一）试样制备基本方法

为了观察金属的显微组织，需要按下列方法制备试样：

（1）取样。从所研究的部位截取试样，试样尺寸最好是厚度及直径均为 10~15mm 的圆柱，以便于制样和观察。对于薄板、细线材或需要研究边缘组织时，可将试样镶在塑料中或装入特制的夹具中进行磨样。

（2）磨制。试样经砂轮打平、倒角后，用砂纸由粗到细依次将试样磨平，磨制试样时考虑怎样磨制试样效率更高、效果更好。

（3）抛光。抛光的目的在于去除试样表面的细磨痕，得到平滑的镜面。抛光分为机械抛光和化学抛光。

（4）侵蚀。抛光的试样在金相显微镜下只能看到夹杂物，要看到金属组织还必须进行侵蚀。由于合金中不同相或不同部位的晶粒耐蚀性不同，试样经侵蚀，表面会出现凸凹不平的情况，由于它们对光线的反射程度不同，在光线下就会呈现不同的明暗区域或线

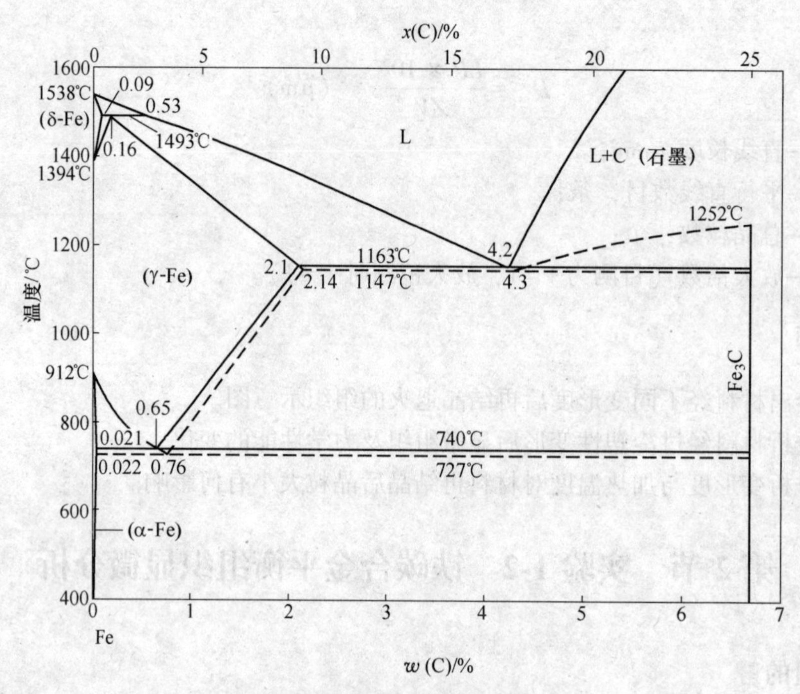

图 1-2　铁碳合金平衡组织图

条，这样就可看到金属的金相显微组织。

显示钢铁金相显微组织常用的侵蚀剂是 3%～5%的硝酸酒精溶液。制备试样很费时间，所以要爱护制好的试样表面，更要避免被硬物划伤，在实验过程中不要用手去摸试样表面。

（二）铁碳合金的各种基本组织特征

铁碳合金的基本组织有铁素体、渗碳体、珠光体和莱氏体，特征如下：

（1）铁素体。碳在 α-Fe 中的固溶体，呈白色块状。

（2）渗碳体。铁和碳的间隙化合物。抗蚀能力很强，故是白亮的。一次渗碳体呈板状，分布在莱氏体之间，二次渗碳体是从奥氏体中析出的，呈网状分布在珠光体的边界上。三次渗碳体分布在铁素体的边界上，量少极分散，一般看不到。

（3）珠光体。它是碳钢含碳质量分数为 0. 77%的铁素体和渗碳体的机械混合物。铁素体和渗碳体都是片层状，边界易腐蚀，故显微镜下看到的是较密的黑条，若放大倍率较低，条间分不清楚，珠光体是黑色的块状。

（4）莱氏体。它是铸铁室温时含碳质量分数为 4. 3%的铁素体和渗碳体的混合物，渗碳体基本是白亮的；珠光体是黑色棒状或条纹状。

各种铁碳合金在室温下的显微组织见表 1-1。

铁素体和渗碳体经 3%～5%的硝酸酒精溶液浸蚀后都呈白色。若用苦味酸钠热蚀，渗碳体呈黑褐色。由此可以区分铁素体和渗碳体。

（三）显微组织观察

观察碳钢显微组织所使用的常规仪器是金相显微镜，金相显微镜属于精密光学仪器，使用时要加以小心和爱护，避免将仪器损坏。

表 1-1　各种铁碳合金在室温下的显微组织

品　种	合金分类	含碳质量分数/%	显微组织
纯　铁	工业纯铁	低于 0.0218	铁素体（F）
碳　钢	亚共析钢	0.0218～0.77	F+珠光体（P）
	共析钢	0.77	P
	过共析钢	0.77～2.11	P+二次渗碳体（CⅡ）
白口铸铁	亚共晶白口铸铁	2.11～4.3	P+CⅡ+莱氏体（L′e）
	共晶白口铸铁	4.3	L′e
	过共晶白口铸铁	4.3～6.69	L′e+一次渗碳体（CⅠ）

三、实验设备及材料

（1）实验设备：MDJ 数码金相显微镜，如图 1-3 所示。数码金相显微镜又称视频金相显微镜，是将精锐的光学显微镜技术、先进的光电转换技术、普通的电视机或者电脑完美地结合在一起而开发研制成功的一项高科技产品。数码金相显微镜将金相显微镜看到的实物图像通过数模转换，使其成像在计算机上。从而，我们可以对微观领域的研究从传统的普通的双眼观察到通过显示器上再现，从而提高了工作效率。显微镜是由一个透镜或几个透镜组合构成的一种光学仪器，是人类进入原子时代的标志，是用于放大微小物体成为人的肉眼所能看到的仪器。显微镜分光学显微镜和电子显微镜，数码金相显微镜就属于光学显微镜的范畴。光学显微镜是在 1590 年由荷兰的杨森父子所首创。现在的光学显微镜可把物体放大 1600 倍，分辨的最小极限达 0.1μm。普通金相显微镜的构造主要分为三部分：机械部分、照明部分和光学部分。

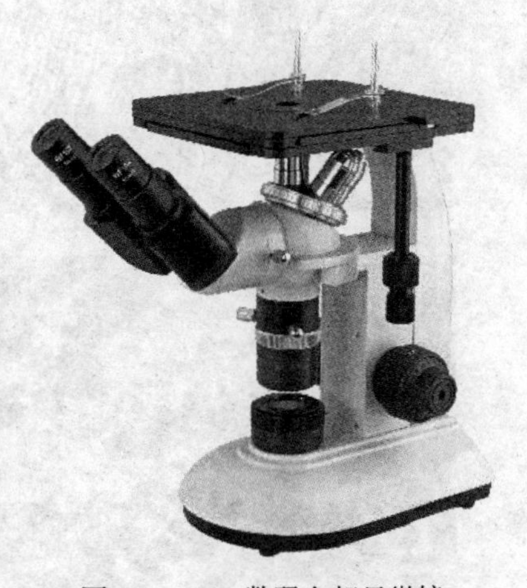

图 1-3　MDJ 数码金相显微镜

（2）金相图谱。

（3）金相标准试样有纯铁、20 钢、45 钢、T8 共析钢、T12 钢、亚共晶、共晶、过共晶白口铁。

四、实验内容

（1）观察试样，根据铁碳合金状态图判断各组织组成物，区分金相显微镜下观察到的各种金相显微组织。观察的试样有各种含碳量的铁碳合金，通过观察金相组织，判断所观察的试样属于哪一类铁碳合金。

（2）画出相应金相试样的组织示意图，标明各组织组成物名称。如图 1-4 所示为七种金相组织的典型显微形貌图。

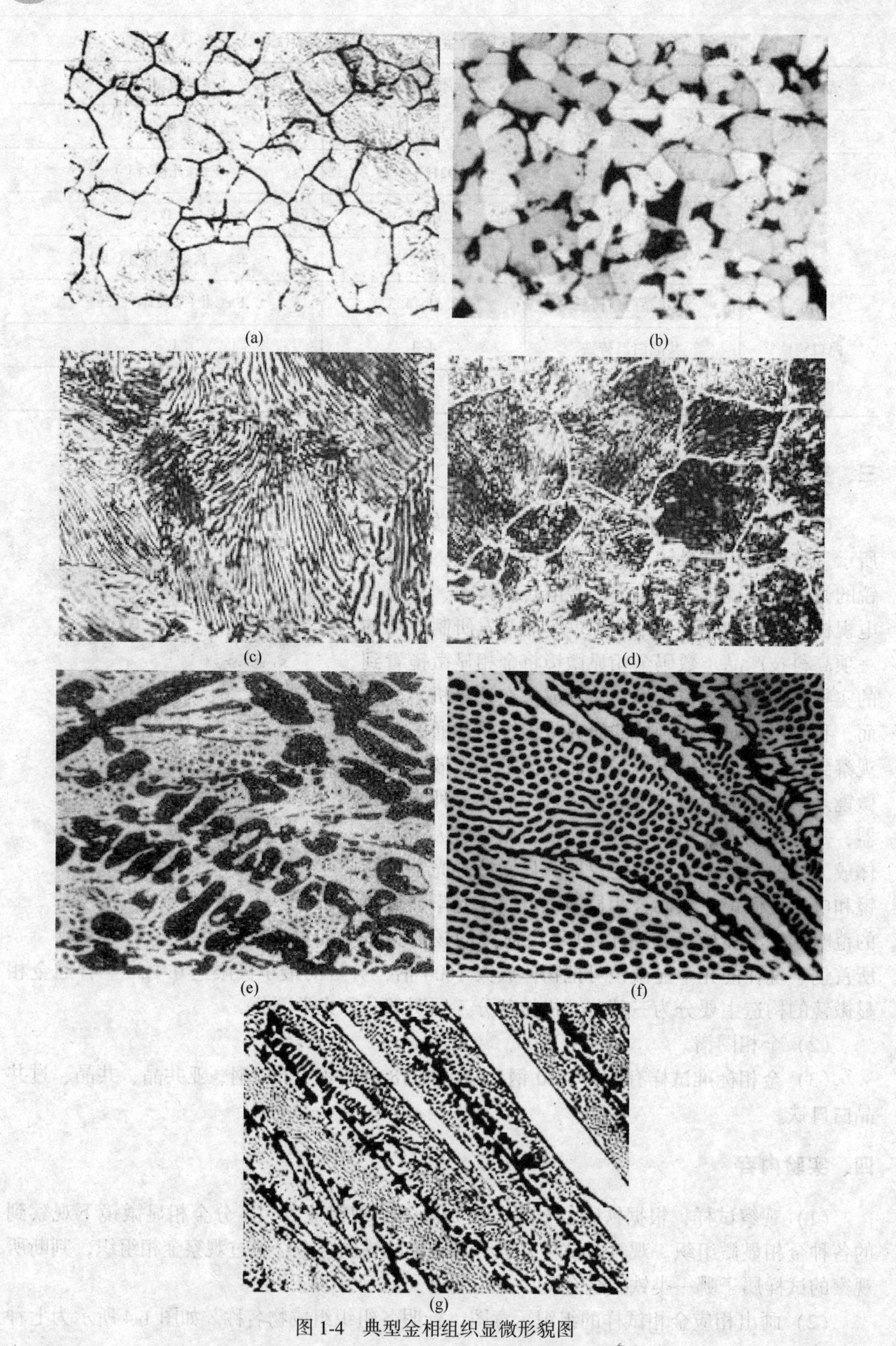

图 1-4 典型金相组织显微形貌图

（a）工业纯铁；（b）亚共析钢；（c）共析钢；（d）过共析钢；（e）亚共晶白口铸铁；（f）共晶白口铸铁；（g）过共晶白口铸铁

五、思考题

（1）讨论铁碳合金含碳量与组织的关系。

（2）渗碳体有几种？它们的形态有什么区别？

（3）珠光体组织在低倍观察和高倍观察时有何不同？为什么？

（4）怎样鉴别 0.6%碳钢的网状铁素体和 1.2%碳钢的网状渗碳体？

无机非金属材料热工基础

Thermal Process Basis in Inorganic Non-metal Materials Industry

无机非金属材料热工基础是无机非金属材料工程专业两门重要的专业基础课程之一，其中重要的是气体力学在窑炉中的应用、传热原理和燃料及其燃烧三方面内容。本章相对应地为此课程设置了三个实验项目。

第1节 实验2-1 伯努利方程应用

一、实验目的

(1) 加深对理想流体伯努利方程的理解。

(2) 验证伯努利方程在收缩、扩张形管道中的应用。

(3) 了解气体由于黏性作用和附面层的产生，在运用伯努利方程式进行计算时造成的偏差。

二、实验原理

伯努利方程（Bernoulli Equation，另译为柏努利方程）是理想流体定常流动的动力学方程，意为流体在忽略黏性损失的流动中，流线上任意两点的压力势能、动能与位势能之和保持不变。

这个理论是由瑞士数学家丹尼尔·伯努利在1726年（另说1738年）提出的，当时被称为伯努利原理。后人又将重力场中欧拉方程在定常流动时沿流线的积分称为伯努利积分，将重力场中无黏性流体定常绝热流动的能量方程称为伯努利定理，这些统称为伯努利方程，是流体动力学基本方程之一。伯努利方程实质上是能量守恒定律在理想流体定常流动中的表现，即不可压缩的理想流体在管道中作稳定等温流动时必须遵守的，它是流体力学的基本规律。在一条流线上流体质点的机械能守恒是伯努利方程的物理意义。

当均匀的空气通过实验管段，在实验管段的入口和出口处任取2个截面，可以写出管流的伯努利方程式：

$$z_1\rho g + P_1 + \frac{w_1^2}{2}\rho = z_2\rho g + P_2 + \frac{w_2^2}{2}\rho \tag{2-1}$$

式中 z_1，z_2——气体在截面1、2处的高度，m；

P_1，P_2——气体在截面1、2处的静压力，Pa；

w_1，w_2——气体在截面 1、2 处的速度，m/s；

ρ——气体密度，kg/m^3；

g——重力加速度，m/s^2。

考虑空气的密度很小，在高度变化不大的情况下，忽略位能的影响，则任意截面的全压力为：

$$P_{\text{whole}} = P + \frac{w^2}{2}\rho \tag{2-2}$$

于是，任一截面的速度可求，即：

$$w = \sqrt{\frac{2(P_{\text{whole}} - P)}{\rho}} \tag{2-3}$$

由于实际气体都具有黏性，在流动过程中产生附面层，因此空气流过实验管段时有能量损失 h_{loss}，在截面 2 处的全压不等于截面 1 处的全压，存在：

$$P_{\text{whole2}} = P_{\text{whole1}} + h_{\text{loss}} \tag{2-4}$$

为了更清楚地表明能量转换关系，选取实验管段的喉管处为特征截面，此处的流速最大，设喉管处的静压力为 P'，全压力为 P'_{whole}，速度为 w'，由式（2-3）可得喉管处的空气流动速度：

$$w' = \sqrt{\frac{2(P'_{\text{whole}} - P')}{\rho}} \tag{2-5}$$

将式（2-3）与式（2-5）相除，可得：

$$\frac{w}{w'} = \sqrt{\frac{P_{\text{whole}} - P}{P'_{\text{whole}} - P'}} \tag{2-6}$$

根据实验装置条件（在管路上设置了整流装置），空气在实验管段任意截面的流动都可视为均匀的。设实验管段任意流通截面的面积为 A，喉管处流通截面积为 A'。由连续性方程，任意截面的空气流量与喉管处的流量都相等。于是有 $wA = w'A'$。

即
$$\frac{w}{w'} = \frac{A'}{A}$$

在实验管段厚度相等的情况下，上式可写为：

$$\frac{w}{w'} = \frac{B'}{B} \tag{2-7}$$

式中　B，B'——实验管段的任一截面和喉管截面的宽度，mm。

式（2-6）与式（2-7）是有区别的。为了加以区别，令式（2-6）为测量值，写成：

$$\left(\frac{w}{w'}\right)_{\text{measure}} = \sqrt{\frac{P_{\text{whole}} - P}{P'_{\text{whole}} - P'}} \tag{2-8}$$

将式（2-7）称为计算值，写成：

$$\left(\frac{w}{w'}\right)_{\text{count}} = \frac{B'}{B} \tag{2-9}$$

测量实验管段各截面的速度分布，将测量结果代入式（2-8）计算，并与式（2-9）加以比较，可验证伯努利方程式能量转换的关系。

三、实验设备

实验主要设备为实验管段及吹风系统，如图 2-1 所示，实验管段的尺寸如图 2-2 所示。实验辅助设备为皮托管、数字微压计、数字式大气压力计及室内温度计等。取实验管段入口为起始面，沿高度方向变化为 z，其收缩扩张尺寸为：

上口宽度 $B_1=76\text{mm}$，上锥体高度 $H_1=184\text{mm}$；

喉管宽度 $B_2=44\text{mm}$，喉管高度 $H_2=44\text{mm}$；

下口宽度 $B_3=76\text{mm}$，下锥体高度 $H_3=70\text{mm}$。

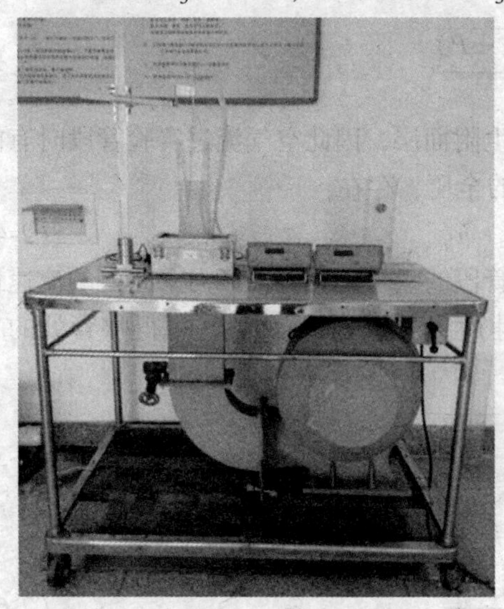

图 2-1　实验系统

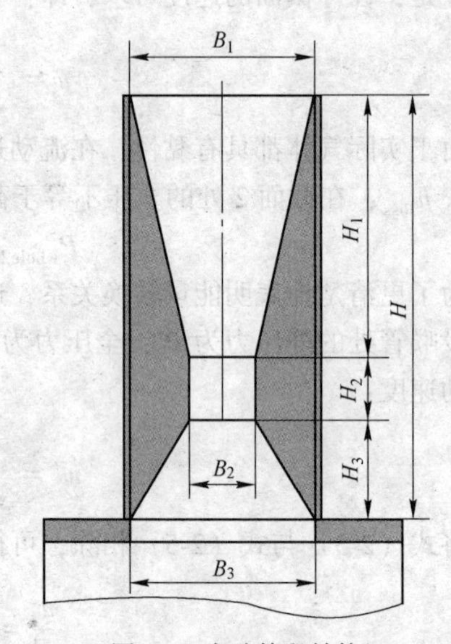

图 2-2　实验管段结构

高度 z 与宽度 B 之间的关系为：

下锥体
$$B = B_3 - (B_3 - B_2)\frac{z}{H_3}$$

喉管
$$B = B_2 (H_3 < z < H_2 + H_3)$$

上锥体
$$B = B_2 + (B_1 - B_2)\frac{z - (H_2 + H_3)}{H_1}$$

例如在收缩段 $z=29\text{mm}$ 的截面上
$$B = 76 - (76 - 44) \times 29/70 = 62.7\text{mm}$$

则
$$\frac{B'}{B} = \frac{44}{62.7} = 0.701$$

在扩张段 $z=204\text{mm}$ 的截面上
$$B = 44 + (76 - 44) \times \frac{204 - (44 + 70)}{184} = 59.6\text{mm}$$

则
$$\frac{B'}{B} = \frac{44}{59.6} = 0.738$$

四、实验内容

（1）将皮托管夹紧坐标架上，使下部测压孔与试验段上高度标线的“10”相平齐。

（2）将 testo 数字仪上的两根胶管分别与皮托管的全压力口和静压力口相连接。
（3）将风量闸板打开到某一位置，在接通电源之前务必做到这一点。
（4）接通电源，将风机可逆开关拨向“顺”或“逆”的位置，启动风机。
（5）待流动稳定后读取 testo 数字仪上的指示值。
（6）移动皮托管，每隔 20mm 记录一次全压力和静压力，一直升到 310mm 处为止。

五、实验结果

（一）实验数据

室内（流动空气）温度 t=________℃；
工况下的大气压力 P_B=________Pa 或 mmHg；
皮托管校正系数 ξ=________（一般为 1～1.01）。
实验数据按表 2-1 进行，每隔 20mm 记录 1 次各项参数，一直到 310mm 处为止。

表 2-1　实验数据

z/mm	10	30	50	70	90	110	130	150
P_{whole}/Pa 或 mmH_2O								
P/Pa 或 mmH_2O								
z/mm	170	190	210	230	250	270	290	310
P_{whole}/Pa 或 mmH_2O								
P/Pa 或 mmH_2O								

（二）数据分析

（1）将计算结果列于表 2-2。

表 2-2　实验结果

z/mm	10	30	50	70	90	110	130	150
$\left(\frac{w}{w'}\right)_{measure}$								
$\left(\frac{w}{w'}\right)_{count}=\frac{B'}{B}$								
z/mm	170	190	210	230	250	270	290	310
$\left(\frac{w}{w'}\right)_{measure}$								
$\left(\frac{w}{w'}\right)_{count}=\frac{B'}{B}$								

（2）绘制 z 与 $\left(\frac{w}{w'}\right)_{measure}$、$\left(\frac{w}{w'}\right)_{count}=\frac{B'}{B}$ 之间的关系曲线，建议以 z 为横坐标。
（3）讨论分析。

六、思考题

（1）伯努利方程的应用条件和原理是什么？
（2）在实验过程中需要注意哪些问题？

第2节　实验2-2　燃料油闪火点和燃烧点测定

一、实验目的

了解液体燃料闪火点与燃烧点的测量方法及差异，以便正确地使用燃料，保证燃料储运安全及燃烧设备安全稳定运行。

二、实验原理

当燃料油被加热时，在油的表面上将会产生油蒸汽。油温越高，油蒸汽产生得越多。当燃料油蒸汽与空气的混合气一接触就能发生闪火现象时的温度称为闪火点。这时的闪火只是瞬时的现象，继续加热燃料油，油蒸汽的产生速度也逐渐增大，当加热到油蒸汽能被接触的火焰点着，并连续燃烧时间不少于5s时的最低温度称为燃烧点。一般燃烧点比闪火点高10~35℃。闪火点与燃烧点的测量方法有很多，大体上可以分为开放式和封闭式两种，本实验采用开放式闪火点和燃烧点测量法（也称为开口杯法）。本装置称为“布尔克法”，它适用于润滑油与深色石油产品的测量。开放式实验法所测的闪火点要比封闭式高5~10℃。

三、实验设备

实验设备为SYD-267开口闪点试验器，图2-3为其外观形貌图和示意图。

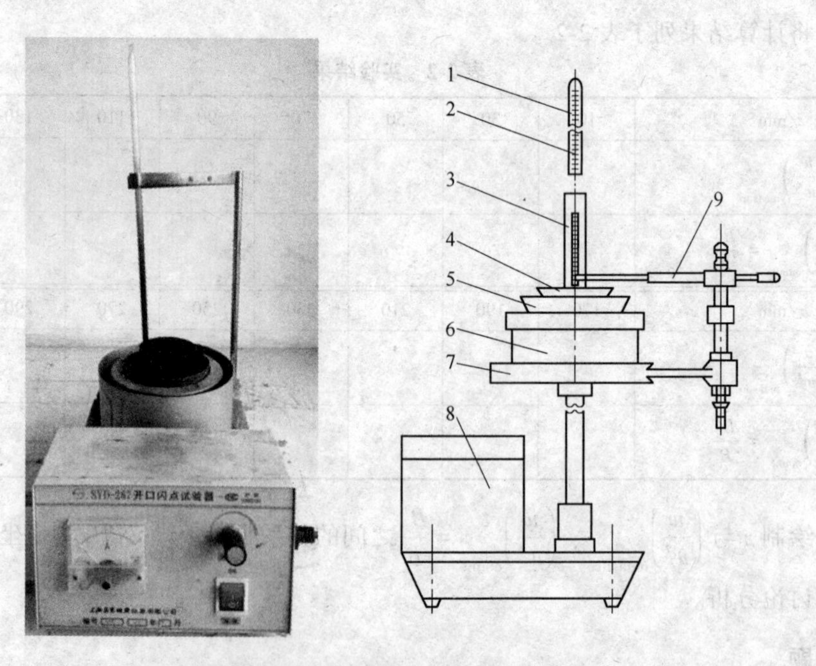

图2-3　SYD-267开口闪点试验器

1—温度计；2—温度计尖轴；3—立柱；4—内坩埚；5—外坩埚；
6—电炉部分；7—电炉托；8—电器装置；9—点火部分

四、实验内容

（1）把经过处理后的内坩埚放入装有细砂（经过煅烧）的外坩埚中，使细砂表面距离内坩埚的口部边缘约 12mm，并使内坩埚底部与外坩埚底部之间保持厚度为 5~8mm 的砂层。

（2）将试样注入坩埚，对于闪点在 210℃及以下的试样，液面距离坩埚口部边缘为 12mm（即内坩埚内的上刻度线处）；对于闪点在 210℃以上的试样，液面距口部边缘为 18mm（即内坩埚内的下刻度线处）。试样向内坩埚注入时，应避免溅出，而且液面以上的坩埚壁不应沾有试样。

（3）将装好试样的坩埚平稳地放置在支架上的铁环（即电炉）中，再将温度计垂直地固定在温度计夹上，并使温度计的水银球位于内坩埚中央，与坩埚底和液面的距离大致相等。

（4）加热坩埚，使试样的温度逐渐升高，当试样温度达到预计闪点前 10℃时，将点火器的火焰放到距离试样液面 10~14mm 处，并在该处水平面上沿着坩埚内径作直线移动；从坩埚的一边移至另一边所经过的时间为 2~3s。试样温度每升高 2℃应重复一次点火实验，点火器的火焰长度应预先调整为 3~4mm。

（5）试样液面上方最初出现蓝色火焰时，应立即从温度计上读出此时的温度值，此值即为试样油的闪火点。

注意：试样油的闪火点与点火器的闪光不应混淆，如果闪火现象不明显，必须在试样温度升高时继续点火证实。

（6）测量试样的闪火点之后，应继续对外坩埚进行加热，使试样的升温速度为每分钟升高 4±1℃。然后按第（4）步方法用点火器的火焰进行点火实验。

（7）试样接触火焰后迅速地着火并能持续燃烧不少于 5s，此时立即从温度计上读出温度值，作为燃点的测量结果。

（8）测量结束后，用抹布盖住内坩埚，将火焰熄灭。

五、思考题

（1）测量燃料的闪火点和燃烧点有何意义？

（2）描述在测量燃料的闪火点和燃烧点时见到的现象。

第 3 节　实验 2-3　大空间外水平圆管空气自然对流传热

一、实验目的

（1）测定外水平圆管空气自然对流传热的相关参数，加深对相似原理、自然对流传热原理的理解，掌握实验研究方法。

（2）学会应用一元线性回归方法（最小二乘法）确定外水平管空气自然对流传热准则关联式。

二、实验原理

(一) 实验基本原理

当流体流过固体壁时的热量传递称为对流传热。对流传热可分为单相(无相变)流体和相变流体(有凝结和沸腾)的对流传热。单相流体的对流传热又可以分为自然对流和强迫对流传热。不论哪种对流传热,热流量都可以用牛顿冷却公式来表示。自然对流传热是流体在浮升力的作用下运动而引起的传热。对于一组被加热的水平放置的圆管,在密闭的大空间中,圆管周围的空气由于密度的变化而产生运动,根据微分方程组的相似分析,空气沿水平圆管外表面自由运动的传热,有如下的函数关系:

$$Nu = C(Gr \cdot Pr)^n = CRa^n \quad (2\text{-}10)$$

其中:

$$Gr = \frac{g\beta\Delta t d^3}{v^2} \quad (2\text{-}11)$$

$$Pr = \frac{v}{\alpha} \quad (2\text{-}12)$$

$$Ra = \frac{\alpha d}{\lambda} \quad (2\text{-}13)$$

在上述的函数关系中,Nu 称为努塞尔(Nusselt)数,Gr 称为格拉晓夫(Grashof)数,Pr 称格拉利普朗特(Prandtl)数,Ra 称瑞利(Rayleigh)数。

依据相似三定理以及相似现象的性质,取一组几何相似、表面全部电镀抛光、端头绝热封闭的若干根水平放置的加热圆管,其中各管的几何相似比例 L/d,使它们处于热物理现象相似的条件下,即在同一封闭的大空间环境下产生同一流态的自然对流现象。所谓热物理现象相似,一般是指在几何相似群(或线性几何相似群)中的各物理参数成比例。这个概念是针对稳定场而言的。那么这一组几何相似的加热群管,具有各自的同名准数,它们必然符合水平圆管自然对流传热相似准则之间的函数关系。由式(2-11)~式(2-13)可知,各管的同名准数是由空气的物性参数、管壁及空气的温度、各管的定性尺寸所决定的。

当得知各管实际加热功率 W_i,各管的表面温度 t_{wi},室内空气温度 t_f,便可以求得定性温度 t_{mi}。

$$t_{mi} = \frac{1}{2}(t_{wi} + t_f) \quad i = 1, 2, 3, \cdots, n \quad (2\text{-}14)$$

由 t_{mi} 查取表 2-3 和表 2-4,可以确定各管的空气运动黏度 ν_i、容积膨胀系数 β_i $\left(\beta_i = \frac{1}{273+t_{mi}}\right)$、导热系数 λ_i 以及普朗特数 Pr_i。

而各管的管壁与室内空气温度之差 Δt_i 可以表示为:

$$\Delta t_i = t_{wi} - t_{fi} \quad (2\text{-}15)$$

在稳定传热状态下,各管的放热量:

$$Q_i = W_i \quad (2\text{-}16)$$

表 2-3　水平圆管编号及参数对照表

第一组						
序号（电脑程序编号）	1	2	3	4	5	6
外径/mm	ϕ65	ϕ39	ϕ43	ϕ32	ϕ31.7	ϕ25
长度/mm	1800	1117	1209	1000	890	704
额定功率/W	250	156	209	193.6	167	144
第二组						
序号（电脑程序编号）	1	2	3	4	5	6
外径/mm	ϕ60	ϕ50	ϕ43	ϕ32	ϕ40	ϕ40
长度/mm	1 682	1 403	1 235	900	1 125	1 203
额定功率/W	255	257	217	178	166	220

注：支架上水平圆管的强弱电连接没有经过室内墙壁上的面板，而是直接连接到室外控制器上。

表 2-4　干空气的物性参数表（$P_B = 101325$Pa）

t/℃	ρ /kg·m^{-3}	c_p /kJ·(kg·℃)$^{-1}$	$\lambda \times 10^2$ /W·(m·℃)$^{-1}$	$\nu \times 10^6$ /m^2·s^{-1}	Pr
0	1.293	1.0049	2.4423	13.28	0.707
10	1.247	1.0049	2.5121	14.16	0.705
20	1.205	1.0049	2.5935	15.06	0.703
30	1.165	1.0049	2.6749	16.00	0.701
40	1.128	1.0049	2.7563	16.96	0.699
50	1.093	1.0049	2.8261	17.95	0.698
60	1.060	1.0049	2.8958	18.97	0.696
70	1.029	1.009	2.9656	20.02	0.694
80	1.000	1.009	3.0471	21.09	0.692
90	0.972	1.009	3.1234	22.10	0.690
100	0.946	1.009	3.2098	23.13	0.688

由牛顿冷却公式，各管的对流换热系数：

$$\alpha_i = \frac{Q_i}{A_i \Delta t_i} \tag{2-17}$$

其中 A_i 为各圆管外表面积，但忽略了端头的面积，因为端头视为绝热。

如在过渡流的状态下，由文献得到 Nu、Gr 和 Pr 三者之间的准则函数关系为：

$$Nu = 0.53(Gr \cdot Pr)^{0.25} = 0.53Ra^{0.25} \tag{2-18}$$

本实验是根据上述原理，选择 6 根水平放置的加热圆管，确定在过渡流态实验条件下它们的自然对流传热规律，从而确定出实验条件下式（2-10）中的 C 值和 n 值。其中的文献曲线是将式（2-18）取对数线性化，得到各管的线性方程：

$$\lg Nu_i^* = \lg 0.53 + 0.25\lg Ra_i \tag{2-19}$$

上式中 Ra_i 为各管的实测值，进而得到各管的 $\lg Ra_i$ 和 $\lg Nu_i^*$，再由式（2-13）和式

(2-17)，可以求出 6 根水平管的实测 $\lg Nu_i$，通过线性回归（最小二乘法），便得到实测的准则方程式。

流体在大空间作自然对流时总结出的实验关联式具有很好的实用意义，它可以应用到比形式上大空间更广的范围中去。

（二）一元线性回归原理

一元线性回归是讨论两个变量之间的线性关系，设有 n 组测量结果 x_i 和 $y_i(i=1, 2, 3, \cdots, n)$，$y$ 是因变量（随机变量），x 为自变量（非随机变量）。令最佳拟合直线为 $y=ax+b$，其中 a、b 为待定系数（回归系数）。最小二乘法的原理是：当 $y=ax+b$ 为最佳拟合直线时，各因变量的残差平方和为最小，即满足各测量值 (x_i, y_i) 在 y 方向上对回归直线的偏差 $y-y_i$ 的平方和为最小。设拟合直线方程相对于测量的残差平方和为 Q：

$$Q=\sum_{i=1}^{n}\nu_i^2=\sum_{i=1}^{n}\left[y_i-(ax_i+b)\right]^2 \tag{2-20}$$

满足 Q 最小的条件为：

$$\frac{\partial Q}{\partial a}=0,\ \frac{\partial Q}{\partial b}=0$$

即 $\dfrac{\partial Q}{\partial a}=-2\sum\limits_{i=1}^{n}\left[x_iy_i-ax_i^2-bx_i\right]=0,\ \dfrac{\partial Q}{\partial b}=-2\sum\limits_{i=1}^{n}\left[y_i-ax_i-b\right]=0$

整理得：

$$\begin{cases}a\sum x_i+nb=\sum y_i\\ a\sum x_i^2+b\sum x_i=\sum x_i\sum y_i\end{cases}$$

联立方程解之：

$$\begin{cases}a=\dfrac{\sum x_i\sum y_i-n\sum x_i\sum y_i}{(\sum x_i)^2-n\sum x_i{}^2}\\ b=\dfrac{\sum x_i\sum x_iy_i-\sum x_i{}^2\sum y_i}{(\sum x_i)^2-n\sum x_i{}^2}\end{cases} \tag{2-21}$$

从而可得拟合的一元线性回归方程 $y=ax+b$。

（三）系统工作原理

大空间水平圆管空气自然对流传热装置系统工作原理如图 2-4 所示。

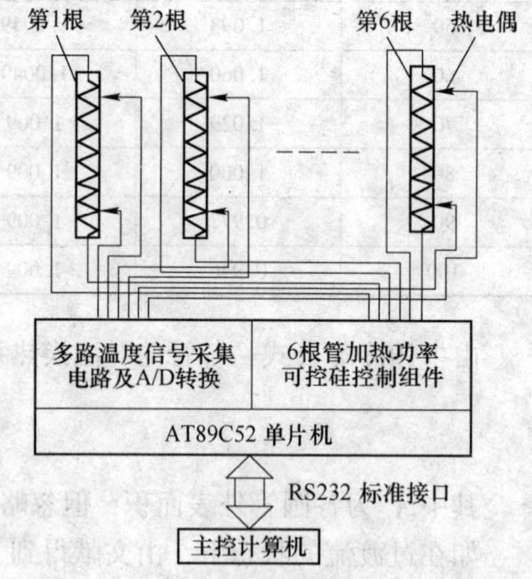

图 2-4　大空间水平圆管空气自然对流传热装置工作原理

（1）温度采集原理。为了求得水平圆管的管壁平均温度，在每根水平圆管上均安装两只热电偶，两只热电偶各自串接一个电阻后并联在一起，连接到数据采集器的输入端上。如果两只电阻具有相同的阻值且数据采集器的输入电阻无穷大，则测得的电势值刚好是两只热电偶电势的平均值。

（2）可控硅以调整供热功率方式供给水平管加热。调整供热功率的方式通常可有两种选择，调整可控硅供电电压和调整可控硅导通占空比（PWM）。

1）调整可控硅供电电压。这种方法调压控制脉动小，工作平稳，性能比较好，但功率和电压不是线性关系，且非正弦交流电的电压有效值测量比较难，容易产生较大误差。

2）调整导通占空比（PWM）方法。该方法是使可控硅在一定的周期内连续导通一段时间，关断一段时间，而导通时间占整个周期的比例即为导通占空比。显然，占空比与功率成正比，且容易控制和测量，但脉动较大。

三、实验设备

实验设备由水平圆管主体和虚拟仪器（Virtual Installment，简称 VI）系统组成。虚拟仪器概念在 20 世纪 80 年代起源于美国，是计算机和微电子技术迅速发展的产物。它是指现代计算机技术、通信技术和测量技术结合在一起的新型仪器。从结构上，它包括计算机、仪器硬件及其接口、应用软件三部分。它可以代替传统的测量仪器，如电流表和电压表或者功率表、示波器、逻辑分析仪、信号发生器、频谱分析仪等；又可集成自动控制系统；还可自由构建专用仪器系统。

水平圆管的主体装置：将直径和长度成同一比例的镀铬抛光铜质水平圆管悬挂在密闭的大空间内，管内装有供通电加热的镍铬丝，加热丝外部是石英管作绝缘保护，在石英管和铜管之间用几个绝缘支环支撑，圆管两端用高铝质耐火材料封装。每根水平圆管的结构如图 2-5 所示。主体实验装置共分为三组，第一组为 6 根管，第二组为 6 根管，第三组为 5 根管。每根管的外表面对称焊接两副热电偶（铜—康铜）。各圆管结构尺寸以及其他参数见表 2-3。

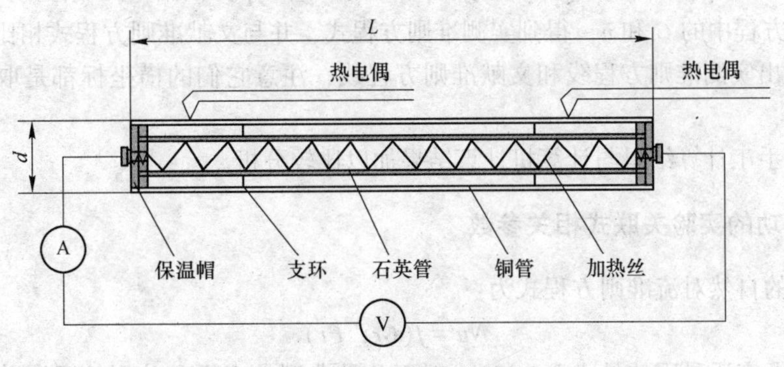

图 2-5　水平圆管主体结构

四、实验步骤

（1）检查实验室大空间的密闭性，把门关好，选择一管群组。

（2）接通总电源，依次接通 XDZ-Ⅱ控制采集分析仪电源和计算机电源，进入 D 驱动器，点击水平圆管实验文件夹。

（3）进入实验主菜单界面，共有 7 个功能模块，即实验目的、实验原理、实验装置、实验步骤、温度检测、数据处理、退出系统。

（4）进入温度检测模块，根据表 2-3，参考有关的实验参数，输入各管的管长、直径和加热功率值，注意各管的参数绝不能超过额定值，在过渡流态的传热条件下，输入的加热功率，仅仅是额定值的 1/5 左右。具体可以按以往的经验值给出。如果要开展其他流态下的设计性实验时，各管的加热功率由学生独立去摸索设置。

（5）可以随时观测各管的表面温度随时间的动态变化曲线，有单一管的，也有6根管总体温升趋势；同时在实验结果中可以实时得到文献准则关联式直线 $\lg Ra - \lg Nu^*$ 和实测准则关联式直线 $\lg Ra - \lg Nu$，以及它们的准则方程式。每次查看时可以计算一次，便得到新的测量计算结果。

（6）达到稳定态时，各管的表面温度不再随时间而变化，此时可以得到两条直线几乎相重合的结果。

（7）打印结果，退出程序，关闭计算机，关闭XDZ-Ⅱ控制采集分析仪。

五、实验结果

（1）查到室内平均空气温度 t_f 和各管壁温度 t_{wi}。

（2）按式（2-14）计算各个定性温度 t_{mi}。

（3）根据 t_{mi}，查取表2-4，确定各管的空气运动黏度 ν_i、容积膨胀系数 β_i $\left(\beta_i = \dfrac{1}{273 + t_{mi}}\right)$、导热系数 λ_i 以及普朗特数 Pr_i。

（4）由式（2-15）计算各管的管壁与室内空气温度之差 Δt_i。

（5）由式（2-16）和式（2-17），确定各管的放热量 Q_i 和对流换热系数 α_i。

（6）按式（2-11）和式（2-13），分别计算出各管的准数 Gr_i 和 Ra_i，分别取对数，得到 $\lg Gr_i$ 和 $\lg Ra_i$，实际上 $\lg Gr_i$ 和 $\lg Ra_i$ 相当于 x_i 和 y_i，根据一元线性回归原理，求解出实测准则方程中的 C 和 n，得到实测准则方程式，并与文献准则方程式相比较。

（7）画出实测准则方程线和文献准则方程线，注意它们的横坐标都是取实测计算出的对数值。

（8）将手工计算结果与计算机计算结果加以比较分析。

六、比较成功的实验关联式相关参数

原则上的自然对流准则方程式为：

$$Nu = f(Gr,\ Pr) \tag{2-22}$$

在工程上广泛采用的是式（2-10），对于几种典型的表面和放置情况，前人由实验确定的常数 C 值和 n 值列于表2-5。

表2-5 以（Gr，Pr）为判据的大空间自然对流传热的有关参数

加热表面形状和放置方式	流态	系数 C 和指数 n		（Gr，Pr）的范围
		C	n	
横圆柱	静止模态	0.5	0	$<1\times10^{-3}$
	层流	1.18	1/8	$1\times10^{-3}\sim5\times10^{2}$
	过渡	0.54	1/4	$5\times10^{2}\sim2\times10^{7}$
	湍流	0.135	1/3	$2\times10^{7}\sim1\times10^{13}$

杨世铭、陶文铨在其所编著的《传热学（第4版）》一书中给出了在新的判据下的常

数 C 值和 n 值，见表 2-6。

表 2-6　以 Gr 为判据的大空间自然对流传热的有关参数

加热表面形状和放置方式	流态	系数 C 和指数 n		Gr 的范围
		C	n	
竖平板和竖圆柱	层流	0.59	1/4	$1\times10^{4}\sim3\times10^{9}$
	过渡	0.0292	0.39	$3\times10^{9}\sim2\times10^{10}$
	湍流	0.11	1/3	$>2\times10^{10}$
横圆柱	层流	0.48	1/4	$1\times10^{4}\sim5.76\times10^{8}$
	过渡	0.0445	0.37	$5.76\times10^{8}\sim4.65\times10^{9}$
	湍流	0.10	1/3	$>4.65\times10^{9}$

七、思考题

(1) 怎样保证水平圆管空气自然对流在过渡流的状态，如果是层流或者是湍流的状态，其准则方程式将有哪些改变？

(2) 能否通过空气在 1 根水平圆管的壁面上产生的自然对流换热来整理出准则方程式，怎样组织这个实验？

3 无机非金属材料基础

Inorganic Non-metallic Materials Base

无机非金属材料基础又被称为无机材料科学基础、无机材料物理化学、硅酸盐物理化学，其是将物理化学的基本原理具体应用到实际无机材料的制备工艺、性能研究和使用过程中，探讨无机材料科学中的共性规律，阐明无机材料的组成与结构、合成与制备、材料性能与使用能效之间的相互关系和制约规律，以及无机材料形成过程的本质等。本章为此课程设置了四个实验项目。

第1节　实验3-1　失重分析

一、实验目的

（1）了解失重分析的基本原理。

（2）利用失重曲线进行矿物的鉴定与过程反应分析。

二、实验原理

许多物质在加热或冷却过程中，除产生热效应外，往往有质量变化，其变化的大小及出现的温度与物质的化学组成和结构密切相关。利用加热或冷却过程中物质质量变化的特点，可以区别和鉴定不同的物质。失重分析法是在程序控温条件下，通过热天平测量样品质量，得到质量与温度（或时间）的函数关系曲线，即 *TG* 曲线。曲线的纵坐标表示样品质量的变化，可以是失重百分率，横坐标为温度。

影响失重曲线的因素：一是试样的用量及粒度。用量越大，偏差越大；粒度越小，反应速率加快，曲线上反应区间变窄。二是气氛的性质、纯度、流速对曲线的形状有较大影响。

不同矿物具有不同的失重曲线，若将未知矿物的失重曲线与一套纯矿物的标准曲线进行比较，即可鉴定未知矿物组成。但在许多情况下，未知样品往往不止含一种矿物，而有些矿物的失重温度范围常常相差不大或基本一样，这就给仅凭失重曲线鉴定矿物组成带来困难，因此确定矿物组成还需和其他研究方法（如 X 射线分析、电子显微镜分析等）配合，才能获得可靠的结果。

三、实验设备

本实验的主要设备为 WCT-2A 型微机差热天平，如图 3-1 所示。

四、实验步骤

（1）打开电源，预热 30min，此时电炉系统不能通电加热。

（2）无机非金属材料试样一般用 48～150μm 粉末，塑料、聚合物可切成碎块，金属试样可加工成碎块或小粒，试样量不超过坩埚容积的 4/5，对于加热时发泡不超过容积的 1/2，或用氧化铝粉末稀释，装样后，在桌面上轻墩几下。无机材料参比物一般用 α-Al_2O_3 粉末，最好经 1300℃以上高温焙烧和干燥保存。

（3）轻轻抬起炉体，将参比样品（或空坩埚）及被测样品装于热电偶板上，放下炉体，开启冷却水。

（4）启动计算机，进入热分析数据站，输入相应数据，无机材料升温速度为 5～10℃，按确定键，将控制面板的数据设置好后，按加热键。

（5）采集结束后，屏上箭头指向停止按钮，并确认，按控制面板上加热键，使指示灯熄灭。

（6）根据所记录数据，进行处理并绘制曲线。

图 3-1　WCT-2A 型微机差热天平

五、思考题

（1）影响矿物失重曲线的因素。

（2）菱镁矿失重百分率与计算值之间存在差异的可能因素。

第 2 节　实验 3-2　固相反应

一、实验目的

（1）验证固相反应的动力学理论。

（2）熟悉测定固相反应速度的仪器与方法。

（3）测定 Na_2CO_3-SiO_2 系统中给定组成点的固相反应速度常数。

二、实验原理

固相反应在无机非金属固体材料的高温过程中是一个普遍的物理化学现象，它是一系列金属合金材料、传统硅酸盐材料以及各种新型无机材料制备所涉及的基本过程之一。狭义的固相反应常指固体与固体间发生化学反应生成新的固相产物的过程。广义地讲，凡是有固相参与的化学反应都可称为固相反应，就是说不论有无气体或液体参加反应，只要是一种或几种固体物质转变为一种或几种固体物质的反应，即由结晶质反应物获得结晶产物的一切反应，如固体的热分解、氧化以及固体与固体、固体与液体之间的化学反应等都属于固相反应范畴之内。

固相反应与一般气、液反应相比在反应机理、反应速度等方面有其自己的特点。一是与大多数气、液反应不同，固相反应属非均相反应，因此参与反应的固相相互接触是反应物间发生化学作用和物质输送的先决条件。二是固相反应开始温度常远低于反应物的熔点或系统低共熔温度。

固态物质中的质点（分子、原子或离子）是不断振动的，随着温度升高，振幅相应增大，到一定温度时（各种物质不同）其中的若干质点便具有一定的能量，以致可以跳离原来的位置而与其他质点产生换位作用。这在一元系统中标志着烧结的开始，在二元或多元系统中则意味着表面相接触的物质间有新相的产生。

实际研究常将固相反应进行分类。依据参加反应物质的聚集状态分为纯固相反应、有液相参与的反应和有气体参与的反应三类；根据反应的性质可分为氧化反应、还原反应、置换反应和分解反应四类；按反应进行的机理可分为扩散控制过程、化学反应速度控制过程、晶核成核速率控制过程和升华控制过程四类。显然分类的研究方法往往强调了问题的某一个方面，以寻找其内部规律性的东西，实际上不同性质的反应，其反应机理可以相同也可以不同，甚至不同的外部条件也可导致反应机理的改变，因此，对反应结果应进一步进行综合分析。

总之，一般固相反应可能会发生以下三种情况：

（1）新产生的化合物层能阻止扩散作用，此时固相反应速率随生成物层厚度增加而降低，可用式（3-1）表示。

$$\frac{dy}{dt}=\frac{h}{y} \tag{3-1}$$

（2）新生成的化合物层与扩散作用无关，此时可用式（3-2）表示。

$$\frac{dy}{dt}=K \tag{3-2}$$

（3）新生成的化合物层能促进扩散作用，则有：

$$\frac{dy}{dt}=KY \tag{3-3}$$

式中 Y——新生成物层的厚度；

t——反应时间。

许多固相反应都是由扩散控制过程所决定的，而且属于上述第一种情况的反应较多，因此重点讨论这一情况。

实际测量反应物厚度是困难的，因此，通常用反应产物百分数（X）表示，这样就得到杨德尔方程：

$$F=\left(1-\sqrt[3]{\frac{100-X}{100}}\right)^2=Kt \tag{3-4}$$

采用上述系统实验时，测量固相反应速率，可以通过量气法（适用于有气体产物逸出的系统，测量反应时放出气体的体积）和失重法（适用于反应中有重量变化的系统，测量反应时失去的重量）等方法来实验。本实验采用的是量气法来考察 Na_2CO_3-SiO_2 系统的固相反应，并对其动力学规律进行验证。此系统的反应按下式进行：

$$Na_2CO_3(s)+SiO_2(s)=\!=\!=Na_2SiO_3(s)+CO_2(g)$$

量气法的原理为：在负压下（40mmHg）进行，这样用极小量的样品（0.1g）就可以得到相应数量的气体，本实验在常压下进行。在恒定温度条件下，测量随着反应时间的进行，产生 CO_2 气体的体积数（V），可计算出 Na_2CO_3 的反应量，进而计算出其所对应的转化率 X，求出反应产物 F，以此来验证杨德尔方程的正确性。

三、实验设备

主要设备为固相反应实验系统，包括温度控制系统和气液流通系统，其实物图和示意图分别如图 3-2 和图 3-3 所示。还需要电子天平（精度为 0.0001g）、铂金坩埚、化学试剂（无水 Na_2CO_3 和 SiO_2）等。

图 3-2　固相反应实验系统实物图

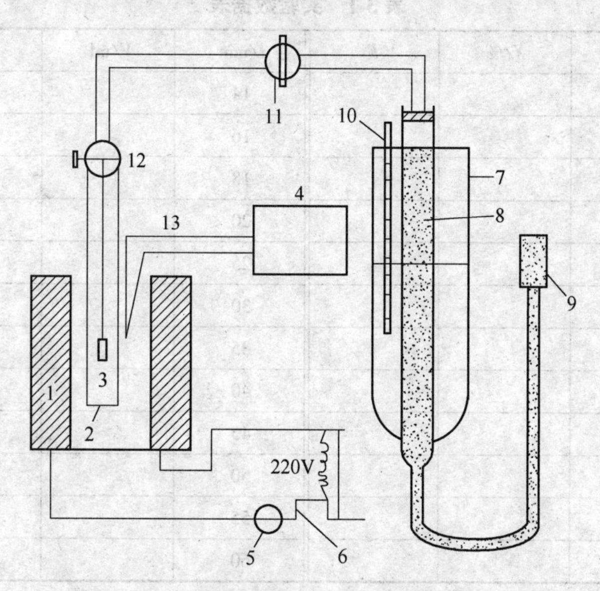

图 3-3　固相反应实验系统示意图

1—高温炉；2—反应管；3—反应筒；4—高温计；5—电流表；6—调压管；7—水管套；8—量气筒；9—水准瓶；10—水银温度计；11—三通开关；12—挂筒小钩；13—热电偶

四、实验步骤

（1）试样制备：将 Na_2CO_3 在 200℃烘干箱中保温 4h，SiO_2 在 800℃箱式电阻炉中保温 5h，处理后，按规定的摩尔比混合，在研钵中研细后，装在广口瓶中，并放置在干燥器中保存。

（2）检查实验仪器的密闭情况，要求不漏气才可进行实验（如漏气，可用凡士林密封）。

（3）按装置图检查线路，没有问题时，接通电源，调节电压由小变大（注意电压表指数不可超过200V），给电炉加温。

（4）在电子天平上称量0.2～0.4g试样放于铂金坩埚内。称坩埚质量记为m_1；坩埚和试样质量记为m_2；则试样质量$m=m_2-m_1$。

（5）继续加热电炉，使其达一定温度（如740℃），并调节电压使温度稳定10min，将水准瓶拿起与量气管内标尺中的液面相平，做好准备工作，然后将盛有试样的坩埚放入电炉中，使铂金坩埚落到反应管中，同时按秒表记录时间（整个实验中应严格控制温度，波动范围小于5℃）。

（6）在第1min内每30s记录一次时间及量气管上的读数，之后每间隔1min记录一次数据，至10min改为每间隔2min记录一次，20min后则每间隔5min记录一次，至60min结束（如读数还有明显变化，可继续记录，并每间隔10min记录一次）。实验数据填入表3-1中。

（7）实验结束后，用小钩取出坩埚，清净内部残料。

（8）将电压归零，关闭电源。将三通开关顺时针旋转180°，把量气筒中气体放出。

表3-1　实验数据表

t/min	V/mL	X/%	F	t/min	V/mL	X/%	F
0.5				14			
1				16			
2				18			
3				20			
4				25			
5				30			
6				35			
7				40			
8				45			
9				50			
10				55			
12				60			

五、实验结果

（1）根据实验水温将记录的气体体积换算为标准气体的体积。

标准状态温度$T_1=273$K；实验温度$T_2=273+$实验室温度（K）。

$$Na_2CO_3(s) + SiO_2(s) = Na_2SiO_3(s) + CO_2(g)$$

166g　　　　　　　　　　　　22.4L

m　　　　　　　　　　　　　V'

标准状态下：

$$V' = \frac{22.4 \times 1000 \times m}{166} \quad (\text{mL}) \tag{3-5}$$

室温下：

$$\frac{V'}{V_{总}} = \frac{T_1}{T_2} \tag{3-6}$$

故反应物总量：

$$V_{总} = \frac{V'T_2}{T_1} \quad (\text{mL}) \tag{3-7}$$

（2）分别测得随着时间变化的反应产物量 V，按反应方程式计算反应产物百分数 X。

$$X = \frac{V}{V_{总}} \times 100\% \tag{3-8}$$

（3）将 X 代入式（3-4）得出 F，并以 F 为纵坐标，时间 t 为横坐标作出 t 与 F 的关系图，如图 3-4 所示。

（4）由曲线斜率计算在给定温度下的反应速度常数 K。

$$K = \frac{F_2 - F_1}{t_2 - t_1} \tag{3-9}$$

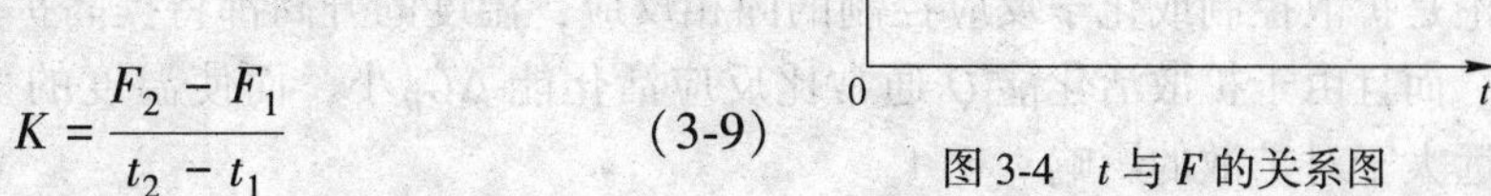

图 3-4　t 与 F 的关系图

六、创新实验

实验教学是对大学生进行业务技能教育和培养的必修课程，在教学中突出实验能力的培养，增加对比实验，强化教学效果，这样将有利于学生对固相反应机理、化学控制、扩散控制、杨德尔方程、反应温度等方面的精准理解。因此，对实验的教学内容和方式进行改革创新，研究固相反应的多种影响因素，从而达到培养学生综合能力的目的。

由对教学内容中固相反应的研究分析，确定围绕固相反应顺利进行的影响因素进行配方设计，进行大量实验研究。主要通过有针对性地对实验原料比例以及对反应温度进行调整，进而加入一定的催化剂，进行实验，绘制反应曲线，求出特定条件下的反应速率常数，以达到良好的教学效果。

创新改革内容主要包括：

（1）改变反应物（Na_2CO_3 和 SiO_2）的组成比例，求不同组成点的固相反应速率常数。

（2）不同温度条件下的固相反应速率常数比较。

（3）引入少许 NaCl 作为催化剂，使整个反应动力学符合杨德尔方程式（3-4）关系。

（一）反应物化学组成的创新

按照经典实验温度（740℃）进行实验，设计 Na_2CO_3 与 SiO_2 的比例分别为 1∶1、1∶2 和 2∶1 三种组成方案。测量随着反应时间的延长，产生 CO_2 的体积数 V，并计算出转化率 X 和反应产物 F，做出时间 t 与 F 的关系图，最后求出反应速率常数 K 值。可以得到，任意一个反应物的量高于比例所需的量时，都会对反应起到促进的作用。根据 t 与 F 的关系图可以看出在 $Na_2CO_3(s) + SiO_2(s) = Na_2SiO_3(s) + CO_2(g)$ 这个反应过程中，反应物的化学组成是影响固相反应的内因，是决定反应方向和速率的重要条件。

从热力学角度看，在一定温度、压力条件下，反应能进行的方向是自由焓减少（$\Delta G<0$）的过程，而且其负值越大，该过程的推动力越大，沿该方向反应的几率也越大。

从结构角度看，反应物中质点间的作用键越大，则可动性和反应能力越小，反之亦然。其次，在同一反应系统中，固相反应速率还与各反应物间的比例有关。如果颗粒相同的 Na_2CO_3和 SiO_2反应生成物 Na_2SiO_3，若改变 Na_2CO_3与 SiO_2比例会改变产物层温度、反应物表面积和扩散截面积的大小，从而影响反应速率。例如增加反应混合物中“遮盖”物的质量分数，则产物层厚度变薄，相应的反应速率也增加。

（二）反应温度的创新

设计 700℃、740℃和 780℃三组反应温度进行实验。从各个配方中不同温度的比较可以看到，温度对化学反应速率的影响是决定性的，而且是呈正比例的关系，即温度越高，反应物转化的比例也越高，化学反应速率越快。由此可知，温度是影响固相反应速率的重要外部条件之一。一般随温度升高，质点热运动动能增大，反应能力和扩散能力增强。对于化学反应，因其速率常数 $K = A\exp(-\Delta G_R/RT)$，式中 ΔG_R为化学反应活化能，A 是与质点活化机构相关的指前因子。而对于扩散，其扩散系数 $D = D_0\exp(-Q/RT)$。因此，无论是扩散控制或化学反应控制的固相反应，温度的升高都将提高扩散系数或反应速率常数。而且由于扩散活化能 Q 通常比反应活化能 ΔG_R小，而使温度的变化对化学反应的影响远大于对扩散的影响。

（三）催化剂的创新

在基础方案中引入少量的 NaCl，设计 Na_2CO_3∶SiO_2∶NaCl 分别为 1∶1∶0.2、1∶1∶0.4 和 1∶1∶0.6 三种组成方案。由实验数据分析可以看出催化剂对化学反应的催化过程中，其所加量的多少对化学反应中反应物的转化率并没有太大的影响，在化学反应中催化剂只对反应速率造成影响。加入较多比例的催化剂相比加入少量催化剂有明显的差异，催化剂加入量越多，反应速率越快，但是当催化剂加入到相当剂量时，不会再提高反应速率。

当反应混合物中加入少量催化剂（也可能是由存在于原料中的杂质引起的），则常会对反应产生特殊的作用。实验表明催化剂可能产生如下作用：（1）影响晶核的生成速率；（2）影响结晶速率及晶格结构；（3）降低体系共熔点，改善液相性质等。在 Na_2CO_3和 SiO_2反应体系加入 NaCl，可使反应转化率提高 2~3 倍，而且当颗粒尺寸越大，这种催化效果越明显。

（四）创新实验结论

通过创新实验，检测不同组成、温度条件下的固相反应速率，便于不同组别学生之间的比较，有利于对理论知识的理解与强化，同时提高了学生的创新实践能力。固相反应的这几种影响因素符合固相反应机理和反应动力学的基本规律，具有普遍性。在实际生产过程中可以根据固相反应影响因素改变相关因素，以提高产品质量和性能，同时降低生产成本，有利于经济效益的提高。

七、思考题

（1）在整个实验中为什么要严格控制温度？

(2) 读数时为何将水准瓶与量气管中的液面保持同一水平？

(3) 温度对固相反应速率有何影响，其他影响因素有哪些？

第 3 节　实验 3-3　黏土—水系统双电层

一、实验目的

(1) 用宏观电泳仪测定黏土胶体的电泳速度并计算 ζ 电位。

(2) 了解不同种类及数量的电解质对电泳速度的影响。

二、实验原理

电泳是胶体在直流电场作用下，胶体分散相向某一电极移动的电动现象。胶体分散相之所以有电泳现象，是由于胶粒（胶体分散相）与液相（胶体分散介质）接触时，在胶体表面形成了扩散双电层，在扩散双电层的滑动面上产生电动电位 ζ，其大小与电泳速度成正比。因此，可以根据电泳速度的大小来研究胶粒的电动电位及带电性质等情况。

由于黏土颗粒在水溶液中带负电荷，必然要吸附与黏土颗粒带电符号相反的离子——阳离子到黏土颗粒表面附近（界面上的浓集），形成黏土颗粒表面的一层负电荷与反离子的正电荷相对应的电层，以保持电的中性（平衡）。黏土颗粒吸附阳离子使阳离子在黏土颗粒表面浓集的同时，由于分子热运动和浓度差，又引起阳离子脱离界面的扩散运动。黏土颗粒对阳离子的吸附及阳离子的扩散运动两者共同作用的结果，在黏土颗粒与水的界面周围阳离子呈扩散状态分布，即形成扩散双电层。更值得指出的现象是，这种扩散层本质性地分成两部分——吸附层与扩散层，其结构如图 3-5 所示。

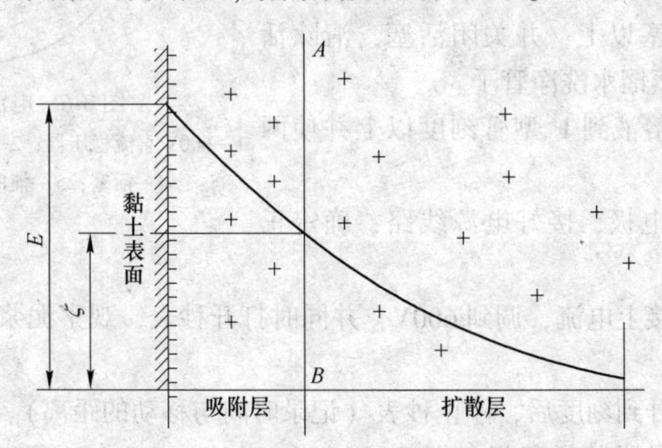

图 3-5　黏土表面的扩散双电层

(1) 吸附层。吸附层是指靠近黏土颗粒表面较近的一薄层水化阳离子，其厚度一般只有几个 Å（1Å = 0. 1nm）。这一薄层水化阳离子，由于与黏土颗粒表面距离近，阳离子的密度大，静电吸引力强，被吸附的阳离子与黏土颗粒一起运动难以分离。

(2) 扩散层。扩散层是从吸附层外围起直到溶液浓度均匀处为止（离子浓度差为零）由水化阳离子及阴离子组成的较厚的离子层。这部分阳离子由于本身的热运动，自吸附层外围开始向浓度较低处扩散，因而与黏土颗粒表面的距离较远，静电引力逐渐减弱（呈二次方关系减弱）。在给泥浆体系接入直流电源时，这层水化离子不能与黏土颗粒一起向电源正极运动而相反向电源负极运动。扩散层中阳离子分布是不均匀的，靠近吸附层多，而远离吸附层则逐渐减少，扩散层的厚度，按照阳离子的种类和浓度的不同而不同，约为10～0Å（1Å＝0.1nm）。

（3）滑动面。它是吸附层和扩散层之间的一个滑动面。这是由于吸附层中的阳离子与黏土颗粒一起运动，而扩散层中的阳离子则有一滞后现象而呈现的滑动面。

（4）电动电位ζ。它是滑动面处与水溶液离子浓度均匀处的电位差。电动电位取决于黏土颗粒表面负电量与吸附层内阳离子正电量的差值。电动电位越高，表示在扩散层中被吸附的阳离子越多，扩散层越厚。

测定胶体电泳速度的方法有两种，一种为宏观的胶体界面移动法，另一种为微观的颗粒移动法。相应的电泳仪也分为两类：宏观电泳仪——用肉眼观察胶体界面的移动以测定电泳速度。以U形管电泳仪为代表；微观电泳仪——在显微镜或超显微镜下观察胶粒的移动，以测定电泳速度。本实验采用第一种方法测定。界面移动法的优点是宏观电泳仪设备简单，但在测定过程中，要保持清晰的界面有一定困难，故必须小心操作。

三、实验设备

实验的仪器设备是电泳仪，其电泳管如图3-6所示。

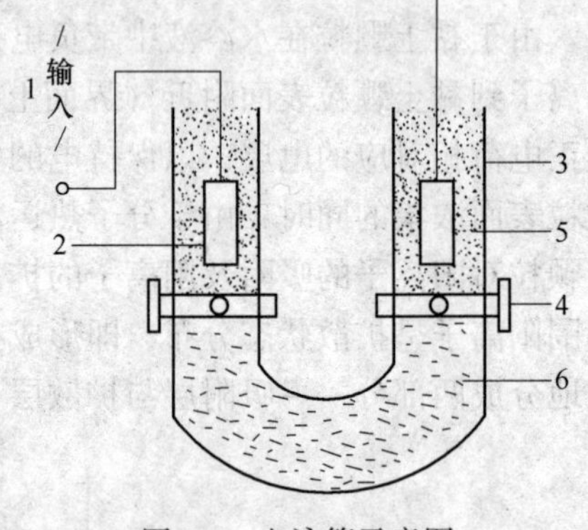

图3-6 电泳管示意图

1—600V直流稳压器；2—铂金电极；3—电泳管；4—活塞；5—辅助溶液；6—泥浆

四、实验步骤

（1）用角勺取黏土试样八平勺放入玛瑙研钵中，加蒸馏水10mL研磨20min后，将泥浆从电泳试管口加入到两活塞以上，并关闭活塞，清除活塞以上的泥浆，用蒸馏水洗净管子。

（2）注入辅助溶液到U型管刻度以上并使两端水平。

（3）插入铂金电极，接好电源线路，确定正负电极，打开活塞。

（4）将稳压器接上电流，调到600V，并同时打开秒表，观察泥浆移动方向（正极或负极）。

（5）待泥浆上升到刻度后，停止秒表（记录时间与移动的距离）。

（6）加入不同种类的稀释剂（即H_2SO_4，0.5mol/L；NaOH，0.5mol/L），重复上述的操作。

五、实验结果

（1）求电泳淌度（W）（即泥浆胶粒在单位梯度下的电泳速度）：

$$W=\frac{S}{tH}=\frac{S}{t\dfrac{U}{L}}=\frac{SL}{tU}\quad(\mu m) \tag{3-10}$$

式中　S——界面移动距离，cm，$S=2$cm；

t——移动经过的时间，s；

H——平均电位梯度，即单位长度内的电压，V/cm；

U——外加电压，V；

L——两电极间导电管的长度，cm，$L=22$cm。

（2）求电动电位（ζ）：

$$\zeta = \frac{4\pi\eta W}{D} \times 300^2 \quad (\text{mV}) \tag{3-11}$$

式中　W——电泳淌度，μm；

D——分散介质的介电常数，水温 20℃时 $D=81$；

η——分散介质的黏度，Pa·s，与温度有关，水温 20℃时 $\eta=0.01005$Pa·s，水温 25℃时 $\eta=0.00894$Pa·s；

300^2——绝对单位与伏特的换算系数。

如果液相的介质是水或水溶液，即可采用水的 η 值和 D 值，它们都是温度的函数。

六、思考题

（1）影响电位 ζ 的因素有哪些？

（2）影响电泳速率的因素有哪些？

（3）比较加入不同的稀释剂后结果有何不同？阐明不同结果的原因。

第 4 节　实验 3-4　黏土离子交换量测定

一、实验目的

（1）掌握测定黏土离子交换量的方法，从而进行黏土矿物的鉴定。

（2）通过对不同种类黏土测其交换量，从而确定影响交换量的因素。

（3）通过测定不同种粉体的交换量的大小来判断其中所含矿物成分。

二、实验原理

分散在水溶液中的黏土胶粒带有电荷，不仅可以吸附反电荷离子，而且可以在不破坏黏土本身结构的情况下与溶液中其他离子进行交换。黏土进行离子交换的能力，被称为交换容量，也简称为交换量，以“mmol/100g 黏土”表示，随着矿物的不同而异，主要矿物的阳离子交换量见表 3-2。

表 3-2　几种黏土矿物的阳离子交换量

矿　物	高岭石	多水高岭石	伊犁石	蒙脱石
阳离子交换量/mmol·$100g^{-1}$	3~18	20~40	10~40	70~130

所以，测知离子交换量，可作为鉴定黏土矿物成分的辅助资料。

测定离子交换量的方法很多，本实验采用钡黏土法。首先以 $BaCl_2$ 溶液冲洗黏土，使黏土酸变成钡盐，形成 Ba-黏土，再用已知浓度的稀 H_2SO_4 置换出被黏土吸附的 Ba^{2+}，生成 $BaSO_4$ 沉淀，最后以已知浓度的稀 NaOH 溶液滴定过剩的稀 H_2SO_4，以 NaOH 消耗量计算黏土的交换容量。

三、实验材料

（1）矿物试样（高岭土、膨润土、矾土等）；
（2）$BaCl_2$ 溶液，H_2SO_4 溶液，NaOH 溶液（0.05mol/L）；
（3）酚酞指示剂；
（4）烧杯（50mL）；
（5）锥形瓶（250mL）；
（6）滴定管（25mL）；
（7）移液管（10mL，15mL）；
（8）分析天平（精度 0.0001g）；
（9）离心分离机及离心试管。

四、实验步骤

（1）精确称取 0.2～0.25g 试样分别置于已知重量的干燥离心试管中，加 5mL$BaCl_2$ 充分搅动然后离心分离，并吸出上面清液，再加入 5mL$BaCl_2$ 同上搅拌离心，重复操作 3 次，之后再加蒸馏水洗涤三次（同上搅拌离心）。

（2）小心吸净上层清液，然后将离心管与湿黏土样在天平中称量。

（3）将称量后的湿黏土样准确加入 12mL（分两次加）H_2SO_4 充分搅拌，然后离心约 1min。

（4）离心后将上层酸液合并吸入一干燥烧杯中，用移液管准确吸出 10mL 置于锥形瓶中，滴加酚酞指示剂 3 滴，用 NaOH 进行滴定至晃动 30s 红色不褪为止，记下 NaOH 溶液的用量。

（5）应事先吸出 10mL 未经交换的 H_2SO_4 溶液用同浓度的 NaOH 滴定，由二者之差值计算出交换量。

五、实验结果

计算碱交换量（W）：

$$W = \frac{12NV_1 - (12 + L)NV_2}{10m} \times 100 \tag{3-12}$$

式中　W——碱交换量，mmol/100g；
N——NaOH 浓度，mol/L；
V_1——滴定 10mL 未经交换的 H_2SO_4 所需的 NaOH 体积数，mL；
V_2——滴定 10mL 经交换的 H_2SO_4 所需的 NaOH 体积数，mL；
m——试样质量，g；
L——湿度校正项（$L = g_1 - g_2$）；g_1 为湿土加离心管重，g；g_2 为干土加离心管重，g。

六、思考题

(1) 影响离子交换的因素有哪些？

(2) 为何要加入蒸馏水洗涤 3 次？

(3) 实验中哪些试样交换量较大，哪些较小，为什么？

(4) $BaCl_2$与 H_2SO_4是否要用标准溶液？是否只要当 H_2SO_4浓度一定时就可以？

4 耐火材料岩相学

Refractory Petrography

耐火材料岩相学是研究耐火材料原料及其产品的一门科学。耐火材料行业的不断发展，伴随着产品的更新，不同的原料配比和工艺条件可以生产出不同性能和不同用途的产品。不同的产品有其独特的岩相特征，通过对其岩相的分析，进而可以改进生产工艺、提高产品质量。本章为此设置了五个实验项目。

第1节 实验4-1 偏光显微镜构造、调节和使用

一、实验目的

（1）认识、了解并掌握偏光显微镜的构造、调节和使用过程。

（2）学会校正偏光显微镜的中心。

二、实验原理

偏光显微镜是由不同功能的透镜和显微镜机械本体共同组合而成的一种仪器，其利用光线为光源，经过光学透镜聚焦后，使物体形成物像，便于观察，通常用来观察用肉眼无法直接看到的微小物体和物体微细结构。偏光显微镜可以分为岩石显微镜和金/矿相显微镜，前者为透射偏光显微镜，后者为反射偏光显微镜。因仪器通用性的发展要求，现代的一台偏光显微镜一般兼具两种功能。

三、实验设备

实验设备为偏光显微镜，如图4-1所示为BK-POL系列偏光显微镜，如图4-2所示为HAL100型高级透反射偏光显微镜，其利用光经过一定条件下的反射、折射、双折射或散射都会产生偏振光的原理，在偏光显微镜的基础上加入偏振滤光镜，实现透反射观察，以观察制品的显微结构。

偏光显微镜的各部构造名称和作用如下：

（1）镜座：一般为马蹄形，用以支撑显微镜的重量，起支撑作用。

（2）镜臂：弯形，连接镜筒和镜座，一般可以弯倒但倾角不能太大，以免显微镜翻倒。

（3）照明系统：为显微镜提供光源，由反光镜、灯室、变压器组成。

（4）下偏光镜：将光源来的自然光转变为偏光，振动方向固定PP方向，并在0°～180°内可调。

（5）锁光圈：可以开合，控制光量。

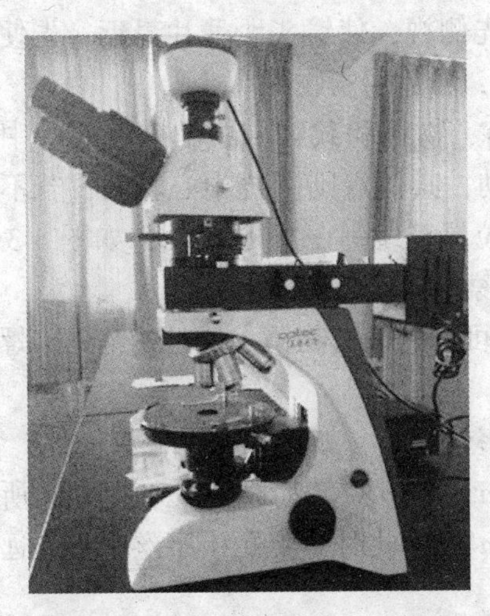

图 4-1　BK-POL 系列偏光显微镜

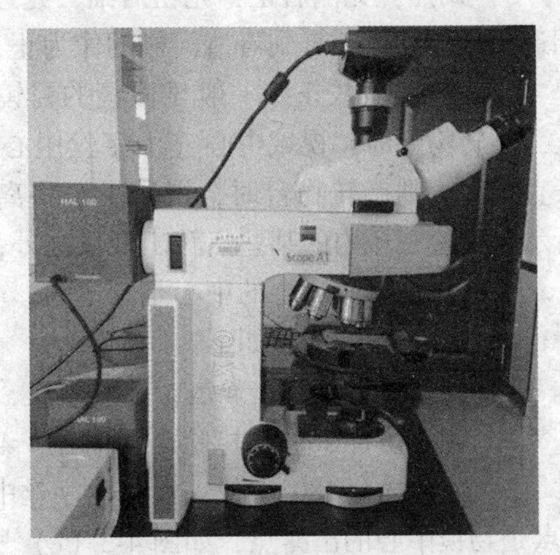

图 4-2　HAL100 型高级透反射偏光显微镜

（6）滤光片：为了观察方便，有时要用单色光，可用滤光片放入光路中。

（7）聚光镜：将下偏光透过的平行偏光聚敛成锥形偏光，相当于从各个方向照射晶体。

（8）载物台：可以固定，可以转动，有标尺，有刻度，可以读出转动的角度，中间有孔，使光线通过，上放薄片，有片夹，以固定薄片。

（9）镜筒：长圆筒，联结在镜臂上，可以上下移动，上有准焦螺旋（粗、细），上装目镜，下连物镜，中间有下列装置：

1）试板孔：插试板用 45°方向。

2）上偏光镜：也是偏光镜，振动方向固定只允许 AA 方向的偏光通过，可以推进或拉出。

3）勃氏镜：放大镜，可以推进或拉出。

4）物镜：由一组透镜组成，是显微镜的最重要部位，每台显微镜一般有 5~7 个物镜，分为高中低倍，一般有 5×(倍)、10×(倍)、25×(倍)、40×(倍)、63×(倍)。

5）目镜：放大倍数较小，只不过把物像进一步放大，使肉眼能看见，一般有 5×和 10×。根据功能分为十字丝目镜，其用十字丝作为参照物，分度尺目镜，供定量测量时使用。

（10）显微镜的放大倍数=目镜放大倍数×物镜放大倍数，如：物镜 10×(倍)、目镜 10×(倍)，则放大倍数为 10×10=100×(倍)。

（11）附件：物台微尺、试板、校正螺丝、方格网。

四、实验步骤

（1）认识偏光显微镜各部构造。

（2）调节和使用：

1）镜头的拆装。目镜：去掉镜头盖，装上所需放大倍数和功能的目镜，调节十字丝水平和垂直；物镜：选一所需放大倍数的物镜，卡在物镜夹上即可。

2）调光：调节电压、锁光圈等，使光线适宜，不使眼睛过于疲劳即可。

3）调焦：先侧后正，先粗后细，先近后远。先侧视，使镜头距薄片最近，先使用粗调逐渐远离物体，直到看清模糊的像为止，再细调，看见清晰物像。

（3）中心的校正。一般显微镜的目镜（镜筒）、物镜和载物台中轴应在同一中轴线上，旋转物台时，视域中心（十字丝中心点）不动，其他点则围绕中心转动，若不在一条直线上，则旋转物台时，视域中心将离开原来位置，绕另一中心转动，如图 4-3（b）所示，会使视域内的某些点转出视域之外，影响观察。

一般目镜和载物台的中心是固定的，不能调，可调的只有物镜，通过物镜调节螺丝来进行中心的校正，步骤如下：

1）放上矿物薄片，准焦，选一黑点，移至十字丝中心，如图 4-3（a）所示。

2）转动物台 360°，检验是否偏心，若偏心则 a 点绕 o 点转动，如图 4-3（b）所示。

3）转动物台 180°，使 a 点由十字丝中心移到 a' 处，此时 a' 点距十字丝中心最远，而 o 点是物镜中心的出露点，如图 4-3（c）所示。

4）扭动物镜下的校正螺丝，使黑点由 a' 点移到 o 点，相当于中心移到十字丝的中心，如图 4-3（d）所示。

5）移动薄片，使黑点再回到十字丝中心，转动物台 360°，检验是否偏心，若黑点仍位于十字丝中心，则中心已经校正好，若黑点绕另一中心转动，则重复上述过程直到校正好为止，如图 4-3（e）和图 4-3（f）所示。

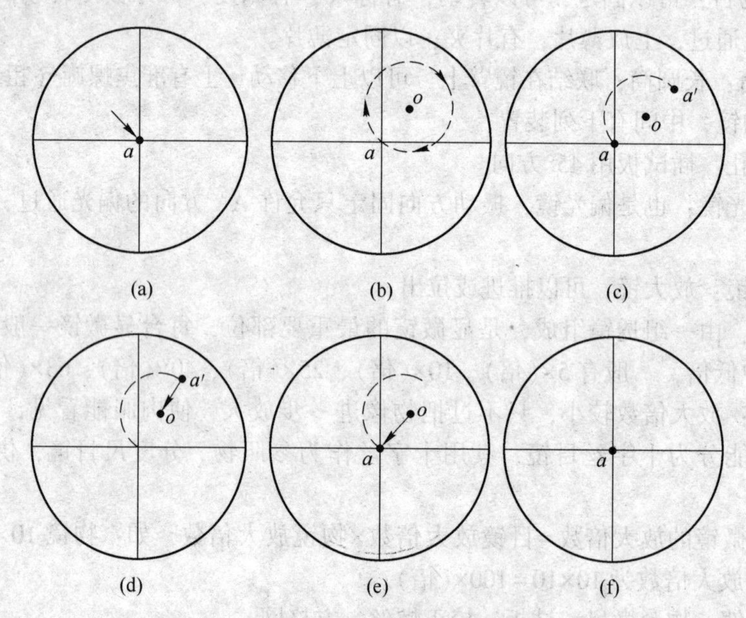

图 4-3 中心的校正

（a），（e）移动薄片；（b），（f）转动物台 360°；（c）转动物台 180°；（d）扭动校正螺旋

6）若中心偏移较大，在视域之外，则转动物台，估计偏心圆的圆心位置和方向，按上述移动半径法，让小黑点回到十字丝中心，用校正螺丝，再将黑点向圆心相反方向的半径的距离移动薄片，使黑点回到十字丝中心，再转动物台，小黑点可能在视域内移动，再接上述 1）~5）方法校正，一般 2~3 次即可调好，如图 4-4 所示。

（4）偏光镜的校正。一般上偏光镜不能调，对于振动方向 *AA*，欲使上下偏光的振动方向互相垂直，可调的只有下偏光镜。观察视域，转动下偏光镜，使视域最暗，此时下偏光的振动方向与上偏光的振动方向互相垂直。

(a)　(b)

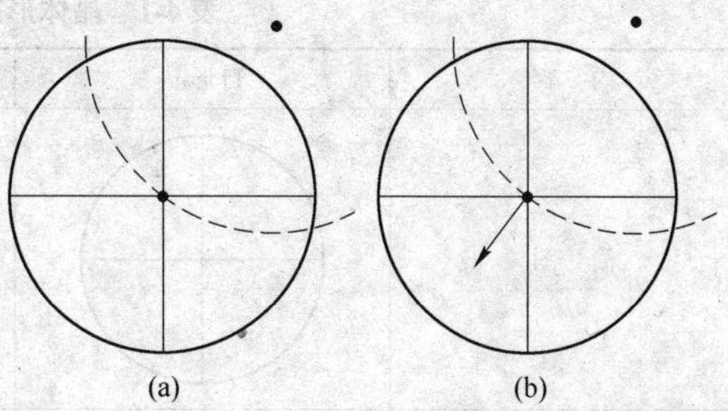

图 4-4　大偏移中心的校正

五、思考题

（1）偏光显微镜有哪些镜头（片）？

（2）使用偏光显微镜时应注意什么？

（3）如何校正偏光显微镜的中心？

第 2 节　实验 4-2　单偏光镜下晶体光学性质

一、实验目的

（1）掌握单偏光镜的装置和使用特点。

（2）观察晶体在单偏光镜下的光学性质：晶形、颜色、多色性、解理、突起、糙面和贝克线等。

二、实验原理

光射入相邻矿物或矿物与树脂的重叠界面时产生的折射角与射入矿物晶粒内部区域时所产生的折射角是不同的，并因此在晶粒的边缘产生光线的聚散而出现黑线（散）和亮线（贝克线）。

三、实验步骤

（1）进一步熟悉偏光显微镜的构造、调节和使用过程。

（2）学会和掌握单偏光下观察晶体的方法。

（3）观察和认识矿物薄片在镜下的形态：自形晶、半自形晶、他形晶等。

（4）观察矿物解理的难易程度、组数、学会测定其解理夹角的大小。

（5）观察矿物的颜色和多色性。

（6）认识和观察矿物的糙面、突起和贝克线，并学会利用它们测定矿物折射率值的相对大小和鉴定矿物。

（7）将所观察到的矿物薄片在镜下的特征绘出草图，注明矿物名称、放大的倍数和观察的内容。

四、实验结果

能够掌握单偏光镜的装置，将实验结果准确记录下来。

（1）晶体形态的观察记录见表 4-1。

表 4-1 晶体形态观察记录表

内 容	自形晶	半自形晶	他形晶
简 图			
名称及放大倍数			

（2）解理的观察记录见表 4-2。

表 4-2 解理观察记录表

内 容	解理的难易程度和组数的观察	解理夹角的测定	
简 图			
名称、放大倍数及结果			

（3）矿物颜色和多色性的观察记录见表 4-3。

表 4-3 矿物颜色和多色性观察记录表

内 容	颜色	多色性（最深时）	多色性（最浅时）
简 图			
名称及放大倍数			
转动物台角度			

（4）矿物糙面、突起和贝克线的观察记录见表 4-4。

表 4-4 矿物糙面、突起和贝克线观察记录表

内 容	糙面	突起	贝克线
简 图			

续表 4-4

内　容	糙面	突起	贝克线
名称及放大倍数			
提升镜筒贝克线移动方向			
折射率的相对大小			

五、思考题

（1）薄片中矿物的解理缝是怎样产生的？为什么有解理的矿物有时在薄片中见不到解理？

（2）已知角闪石两组解理的夹角为 56°和 124°，为什么在薄片中测出的解理夹角不一定是上述角度？

（3）矿物的多色性在什么方向的切面上最明显？

（4）转动物台时，晶体哪一个切面上的颜色无变化？为什么？这个切面有何特征？

（5）薄片中各矿物颗粒厚度基本一致，为什么在显微镜下突起高低不一？

第 3 节　实验 4-3　正交偏光镜下晶体光学性质

一、实验目的

（1）熟悉正交偏光镜的构造及特点。

（2）认识晶体在正交偏光镜下的光学性质：消光和干涉现象。

（3）掌握石膏、云母和石英楔试板的构造及使用条件，并会利用它们测定一些晶体的光学常数。

二、实验原理

正交偏光显微镜是在单偏光显微镜的基础上，增加上偏光镜，并使上、下偏光镜的振动方向相互垂直，在不放任何岩相片时视域是黑的。

三、实验步骤

（1）进一步熟悉掌握偏光显微镜的构造、调节和使用，利用正交偏光镜观察时，哪些附件使用，哪些不用？

（2）观察晶体的全消光、四次消光、干涉现象及干涉色。

（3）观察石膏和云母试板的构造、干涉色、快慢光（折射率的大小）的方向，区别它们的使用条件、光程差的大小。

（4）利用石膏试板或云母试板测晶体的光率体轴名。

（5）利用石英楔测出矿物晶体的干涉色级序，并查出双折射率大小（$d=0.03$mm）。

（6）观察晶体的消光类型，并在有斜消光时，测其消光角大小。

（7）测出两向延长的晶体的延性符号。

（8）将所观察到的内容绘出草图，写出矿物名称、观察内容、放大倍数，以及必要的测定步骤、现象、结论。

四、实验结果

（1）补色器的观察记录见表4-5。

表4-5 补色器观察记录表

名 称	石膏试板	云母试板	石英楔子
光程差/nm			
干涉色			
适用条件			

（2）光率体轴名的测定记录见表4-6。

表4-6 光率体轴名的测定记录表

晶体名称、放大倍数：	晶体的光率体轴名图：
自消光位转45°后晶体的干涉色：	
插入（　　）试板后晶体的干涉色：	

（3）晶体干涉色级序的测定记录见表4-7。

表4-7 晶体干涉色级序的测定记录表

自消光位转45°后晶体的干涉色：	晶体的形貌：
插入石英楔子后干涉色变化：	
是否转动物台90°：	
补偿位置的干涉色：	
去掉矿物薄片后石英楔子的干涉色：	
缓慢拉出石英楔子时出现红带的次数：	
结论：	

（4）斜消光的晶体消光角的测定记录见表4-8。

表4-8 斜消光的晶体消光角测定记录表

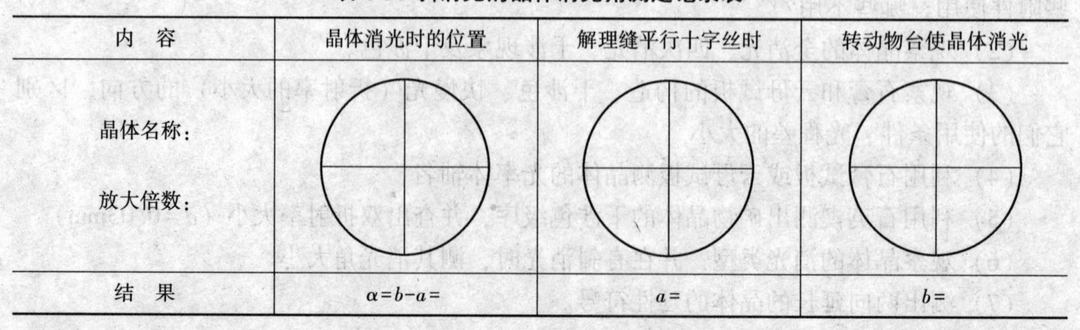

内 容	晶体消光时的位置	解理缝平行十字丝时	转动物台使晶体消光
晶体名称： 放大倍数：			
结 果	$\alpha=b-a=$	$a=$	$b=$

（5）延性符号的测定记录见表 4-9。

表 4-9　延性符号测定记录表

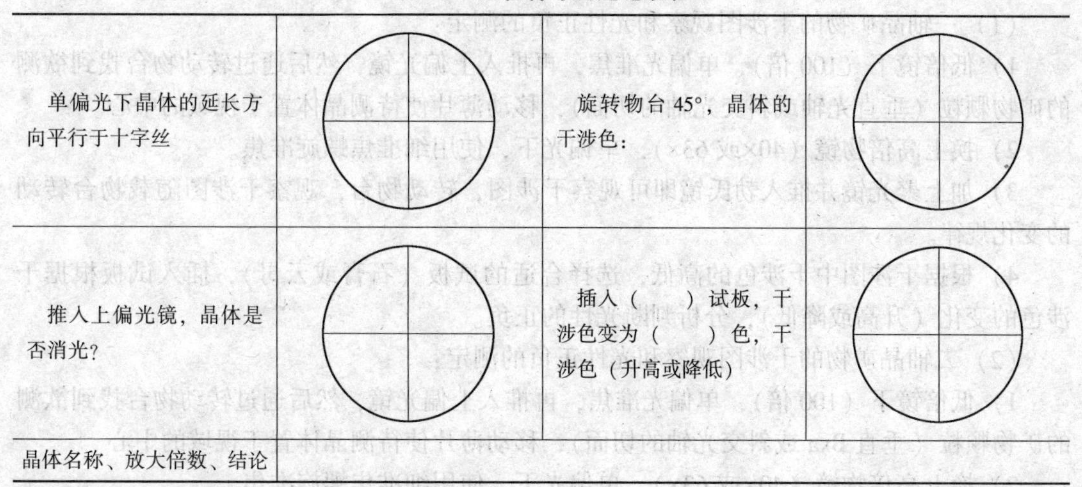

单偏光下晶体的延长方向平行于十字丝		旋转物台 45°，晶体的干涉色：	
推入上偏光镜，晶体是否消光？		插入（　　）试板，干涉色变为（　　）色，干涉色（升高或降低）	
晶体名称、放大倍数、结论			

五、思考题

（1）非均质矿物任何方向的切面（垂直于光轴的切面除外）在正交偏光下为什么产生四次消光和四次明亮？

（2）为什么在薄片中可以看到同一种的干涉色有多种？什么样的干涉色可以作为鉴定矿物的依据？

（3）某晶体三个主折射率值为 $N_g = 1.670$、$N_m = 1.651$、$N_p = 1.635$，当薄片厚度为 0.03mm 时，问：该晶体的最高干涉色为几级？垂直于 Bxa 切面上的干涉色为几级？垂直于 Bxo 切面上的干涉色为几级？

（4）消光和消色都是矿物在正交偏光镜下呈现最暗的现象，它们有何本质区别？

（5）在测定矿物干涉色级序时，当消色暗带位置确定后，退出石英楔，数红带出现数目时，为什么必须将矿物薄片从载物台上拿掉？

（6）某学生测定矿物干涉色的级序时，在插入石英楔找消色暗带位置时，消色暗带位置不出现，试分析原因。

第 4 节　实验 4-4　锥光镜下晶体光学性质

一、实验目的

（1）认识和掌握一轴晶和二轴晶晶体各定向切片的干涉图特点。

（2）学会测定光性的正负。

二、实验原理

在正交镜基础上，换上高倍物镜，推上聚光镜（拉索透镜），推入勃氏镜（调节居中），将反光镜换用凹面，形成锥光镜装置。

三、实验步骤

（1）一轴晶矿物的干涉图观察和光性正负的测定：

1）低倍镜下（100倍），单偏光准焦，再推入上偏光镜，然后通过转动物台找到欲测的矿物颗粒（垂直光轴或斜交光轴的切面），移动薄片使待测晶体置于视域的中心。

2）换上高倍物镜（40×或63×），单偏光下，使用细准焦螺旋准焦。

3）加上聚光镜并推入勃氏镜即可观察干涉图，转动物台，观察干涉图随载物台转动的变化规律。

4）根据干涉图中干涉色的高低，选择合适的试板（石膏或云母），插入试板根据干涉色的变化（升高或降低），分析判断光性的正负。

（2）二轴晶矿物的干涉图观察和光性正负的测定：

1）低倍镜下（100倍），单偏光准焦，再推入上偏光镜，然后通过转动物台找到欲测的矿物颗粒（垂直Bxa或斜交光轴的切面），移动薄片使待测晶体置于视域的中心。

2）换上高倍物镜（40×或63×），单偏光下，使用细准焦螺旋准焦。

3）加上聚光镜并推入勃氏镜即可观察干涉图，转动物台，观察干涉图随载物台转动的变化规律。

4）将干涉图转到45°位置，根据干涉图中干涉色的高低，选择合适的试板（石膏或云母），插入试板根据锐角区或钝角区干涉色的变化（升高或降低），分析判断光性的正负。

四、实验结果

将所观察到的干涉图绘出草图，写出矿物名称、观察内容、放大倍数、轴性、切面方向，绘出干涉图特点及随物台转动的变化情况、测定光性的干涉图及光率体轴名的方向，写出使用的试板、干涉色变化、光性正负的测定步骤和现象、分析过程和结论。

五、思考题

（1）一轴晶斜交光轴的切面干涉图，当斜交的角度较大时为一条直的黑臂。1）若黑臂有粗有细，则光轴出露点在哪一侧？2）若干涉图上有色环，则光轴出露点在哪一侧？3）若既无色环，又不能分清黑臂的粗细，则如何判断光轴出露点在哪一侧？

（2）用二轴晶斜交光轴的切面干涉图测定光性正负时，若使用钝角区测定，应注意什么问题？

（3）普通角闪石的主折射率 $N_g = 1.701$、$N_m = 1.691$、$N_p = 1.665$，试确定普通角闪石的光性符号。

第5节　实验4-5　耐火材料岩相分析

一、实验目的

（1）认识硅砖和镁砖等砖中的主要矿物相和分布。

（2）认识分析各种耐火材料的显微结构特点。

二、实验原理

（一）*硅砖的矿物组成、分布以及显微结构特点*

硅砖的矿物组成为鳞石英、方石英、残余石英和玻璃相。

（1）鳞石英：存在于基质中。非均质性，呈矛头状双晶，交织成密集的网状或者在大颗粒边缘，形成反应环，分布较均匀。

（2）方石英：石英很容易转化为方石英，方石英为均质性，全消光，单偏光下呈淡黄色，如果一块方石英化的颗粒，裂纹多而密，呈网状结构，分布均匀些为好。

（3）残余石英：分布不均匀，未能转化的石英，干涉色高，一级黄白或灰白，裂纹粗而少。残余石英越少越好，否则在使用过程中重新转化成鳞石英或方石英产生体积变化，引起砌筑体破坏，在方石英颗粒的中间，未接触矿化剂。

（4）玻璃相：为均质性，淡黄色，不规则状，其他杂质的硅酸盐熔融后，急冷或结晶成细小的晶体，为硅酸盐相（玻璃相）。

烧成良好的砖的显微结构特点为：

（1）鳞石英呈矛头状双晶，互相穿插，形成网络状，均匀分布。

（2）方石英量少，鳞石英量多，且无残余石英（尽量少）。

（3）鳞石英周围由矿化剂和杂质等作用形成玻璃相及次要矿物。

（4）无裂隙，气孔率低。

（二）*镁砖的矿物组成、分布以及显微结构特点*

镁砖的矿物组成与杂质含量的相对多少有关，即与 CaO/SiO_2 比有关，见表 4-10。

表 4-10　镁砖矿物组成与 CaO/SiO_2 比的关系

CaO/SiO_2 比	主要矿物相
>2	M、C_2S、C_4AF、MF，当 $\begin{cases} F/A<1, & C_3A \\ F/A>1, & C_2F \end{cases}$
=2	M、C_2S、MF、MA
2~1.5	M、C_2S、C_3MS_2、MF、MA
=1.5	M、C_3MS_2、MF、MA
1.5~1	M、CMS、C_3MS_2、MF、MA
=1	M、CMS、MF、MA
<1	M、CMS、M_2S、MF、MA

方镁石（M）：主晶相，浑圆状，多边形粒状颗粒，无色或淡黄色，均质性。

硅酸二钙（C_2S 正光性）：粒状，镁橄榄石（M_2S 正光性），干涉色较高，钙镁橄榄石（CMS 负光性），干涉色较低；它们均存在于基质中，非均质性，但干涉色和光性不同。

镁铝尖晶石（MA）：存在于基质中，均质性，无色，干涉色高级白，凸起较高。

铁酸镁（MF）：存在于方镁石颗粒中间，由于 MgO 与 Fe_2O_3 的固溶与脱溶从方镁石晶粒中析出，有时呈树枝状。

烧成较好的镁砖有如下特征：

（1）方镁石颗粒大小均匀（粒状，浑圆状，长柱状，镶嵌结构）。

（2）晶体轮廓清楚（杂质少，基质少）。

（3）解理发育良好（一般一组或两组）。

（4）孔隙很少（致密）。

（5）MgO之间胶结结构少，且分布均匀（硅酸盐少，杂质少）。

三、实验步骤

（1）正确、熟练地校正显微镜的中心。

（2）将所要观察的薄片置于载物台上，准焦。

（3）根据观察内容选择偏光系统。根据单偏光系统、正交偏光系统或锥光系统的观察要点和适用条件，并结合理论知识以及所观察薄片的内容，综合判断分析硅砖或镁砖中的各种矿物相的特征——即首先认识各种矿物；然后分析它们的存在部位，显微结构类型，以及结构对性能的影响——即进行显微结构分析。通过实际两种耐火材料硅砖和镁砖的矿物相和显微结构的分析，综合运用本课所学习的晶体光学理论和偏光显微镜下的各种观察系统（单偏光、正交偏光、锥光系统）进行耐火材料的岩相分析。

（4）移动薄片配合转动物台，找各种耐火材料的主要矿物相，并观察矿物相的特征和存在部位。各种矿物相的特征的认识和鉴别要根据它们在偏光显微镜下的光学性质和存在部位综合判断。

四、实验结果

将所观察到的内容填写到实验记录表4-11中，注明材料名称、观察系统及放大倍数。

表4-11　实验记录表

砖种	主要矿物相	系统/倍数	特征（图示或描述）	存在部位	说明
硅砖					
镁砖					

五、思考题

（1）硅砖的矿物组成如何？烧成良好的硅砖有何显微结构特点？使用后的硅砖分成哪几个层带，各层带有何特点？

（2）镁砖矿物组成如何？烧成较好的镁砖有何显微结构特征？

5 耐火材料化学分析

Chemical Analysis of Refractories

耐火材料的化学矿物组成（即化学成分）决定了材料的本质，是材料的最基本特征。本章给出了对镁铝系耐火材料进行化学分析的试样制备和药品配制方法，以及常用的灼烧减量、SiO_2、Al_2O_3、CaO、MgO、Fe_2O_3、TiO_2的化学分析方法。

第1节 实验5-1 试样制备和药品配制

一、实验目的

加深学生对化学分析理论的理解，学习化学分析的基本操作技能、典型的实验方法和实验数据处理，使学生对镁质耐火材料化学分析有全面的了解。培养学生实事求是的、严谨的科学态度和认真、细致、整洁的科学研究习惯，锻炼学生独立分析问题、解决问题的能力。

二、实验原理

各化学成分分析的基本反应的反应式，需用指示剂、终点判断方法及结果计算方法等。

三、实验要求

（1）实验前充分预习：了解实验目的、原理、主要操作步骤，在实验记录本上画出记录表格，对于完成本实验的关键环节及注意事项做到心中有数。

（2）实验中集中注意力，随时把所观察到的现象及测得的数据记录在实验记录本上。

（3）注意学习化学分析的基本操作技能，注意掌握每个基本技能的规范操作要领并认真实践。

（4）保持实验室整洁、安静，注意安全，注意节约试剂、蒸馏水等。

（5）实验完毕，将实验记录本交指导教师审查，经同意才能离开实验室。

（6）实验课后，及时整理实验数据，计算分析结果，总结实验中的经验教训，认真完成实验报告。

四、实验步骤

（一）试样制备

（1）块状磨料。用锤子将试样块在钢板上打碎到小于30mm的小块，在小型颚式破碎机中破碎至小于5mm的小块，用四分法缩分到40~50g，再用钢研钵粉碎到直径小于

2mm 的小块，再用四分法缩分到 10～15g，继续用钢研钵或刚玉研钵研细至全部通过 74μm 筛，用吸力 10～15N(1～1.5kgf) 的磁铁吸出粉碎中带入的铁质，然后装入试样袋中，在 105～110℃的烘箱中烘干 2h，取出放入干燥器内，冷却备用。

（2）粒状磨料。大于 150μm 粒度的试样，先用四分法缩分到 10～15g，用刚玉研钵研细至全部通过 74μm 筛，混合均匀，装入试样袋中，烘干，备用。

小于 74μm 粒度的试样，用四分法缩分到 20g，装入试样袋中，烘干，备用。

（二）药品配制

（1）EDTA 标准溶液的配制：

1）直接法。用 EDTA 基准试剂配制 0.005mol/L、0.025mol/L 的标准溶液。

2）标定法。用 EDTA 分析纯试剂配制浓度稍大于 0.005mol/L、0.025mol/L 的溶液，然后用 ZnCl 标准溶液进行标定，直至溶液浓度达到 0.005mol/L、0.025mol/L。

（2）0.0125mol/L 的 ZnAc 标准溶液的配制：称量固体乙酸锌 13.72g，乙酸 2.2mL，以水稀释定容至 5L，摇匀待标定。用 0.025mol/L 的 EDTA 进行标定，直至溶液浓度达到 0.0125mol/L。

（三）化学成分分析

详见后续实验项目。

第 2 节 实验 5-2 重量法测定灼烧减量

一、实验原理

试样于 1050±50℃灼烧至恒量，以损失量计算灼烧减量。

二、实验设备

（1）天平（精度 0.0001g）。
（2）瓷方舟。
（3）自动控温干燥箱。
（4）高温炉。

三、实验步骤

称取制备好的试样 1g 置于经过 1100℃灼烧至恒重的瓷方舟中，加盖，盖微启，置铂坩埚于高温炉中，在 1100℃灼烧 1h，取出，置于干燥器中，冷却至室温，称量，重复灼烧至恒重为止。

四、实验结果

灼烧减量（LOI）以质量分数（w）计，数值以%表示：

$$w = \frac{m_1 - m_2}{m_1} \times 100 \tag{5-1}$$

式中　w——灼烧减量，%；

m_1——灼烧前试样质量，g；

m_2——灼烧后试样质量，g。

灼烧减量结果保留至小数点后两位。

第 3 节　实验 5-3　钼蓝光度法测定二氧化硅量

一、实验原理

试样用碳酸钠—四硼酸钠混合熔剂熔融，稀盐酸浸取。在约 0. 2mol/L 的盐酸介质中，加钼酸铵使硅酸离子形成硅钼杂多酸，加入草硫混酸，消除磷、砷的干扰，然后用硫酸亚铁将其还原成硅钼蓝，在分光光度计上于波长 690nm 处测量其吸光度。

二、实验设备和材料

实验设备主要为分光光度计。

（1）碳酸钠—硼砂混合熔剂：称取 1 份硼砂与 1 份无水碳酸钠于蒸发皿中，在 600℃ 炉温灼烧，研细，混匀。

（2）盐酸（1+1）。

（3）钼酸铵溶液（5%）：溶解 5g 钼酸铵于水中，以水稀释到 100mL，放置 24h 后，过滤使用。

（4）草硫混酸：4mol/L 的硫酸与 4%的草酸按体积比 1 : 3 混合。

（5）硫酸亚铁溶液（4%）：溶解 20g 硫酸亚铁于水中，加硫酸（1 : 1）40mL，以水稀释到 500mL。

（6）二氧化硅标准溶液：准确称取标准样品 0. 2500g 于铂坩埚中，加混合熔剂 3g 仔细混匀，再覆盖 2g，送入高温炉中。在 1000℃ 熔融 30min，取出，旋转坩埚，使熔融物附于坩埚内壁上，冷却，洗净外壁。在聚乙烯烧杯中，用热稀盐酸浸出，冷却后移入 250mL 容量瓶中，用水稀释至刻度，摇匀后，立即移入清洁并干燥过的塑料瓶中贮存，备用。

（7）空白溶液：取 5g 混合熔剂于铂坩埚中，在 1000℃ 的高温炉中熔融 30min，取出，洗净坩埚外壁，以 100mL 盐酸（1+3）加热浸出，移入 250mL 容量瓶中，冷却后用水稀释至刻度，摇匀。

三、实验步骤

试液的制备：准确称取试样 0. 2500g 于铂坩埚中，加混合熔剂 3g，搅拌均匀后，再加混合熔剂 2g，将坩埚送入 1050℃ 的高温炉中，熔融 30min，取出，旋转坩埚，使熔融物附于坩埚内壁上，冷却后，用水洗净坩埚外壁，放入盛有 100mL 近沸盐酸（1+3）的 250mL 烧杯中，于电炉盘上加热浸出，用水洗出坩埚及其盖，移入 250mL 容量瓶中，冷却后，用水稀释至刻度，摇匀。

分别取空白溶液、标准溶液、试液 5mL 于 100mL 容量瓶中，加水 15mL，加入钼酸铵溶液（5%）5mL，放置 20min，加草硫混酸 30mL，振荡，加入 5mL 硫酸亚铁溶液，用水稀释至刻度，摇匀，用合适比色皿在分光光度计上于波长690nm处，测其吸光度。

四、实验结果

二氧化硅的质量分数按式（5-2）计算：

$$w(\mathrm{SiO_2})(\%) = \frac{\text{试液读数}}{\text{标液读数}} \times \text{标液}\ \mathrm{SiO_2}\ \text{质量分数} \tag{5-2}$$

结果保留至小数点后两位。

第4节　实验5-4　铬天青S光度法测定氧化铝量

一、实验原理

试样用碳酸钠—四硼酸钠混合熔剂熔融，稀盐酸浸取。在pH值为5.5的六次甲基四胺溶液缓冲条件下，铝与铬天青S生成紫红色络合物，在分光光度计上于波长550nm处测量其吸光度。加入抗坏血酸可以消除三价铁的干扰。

二、实验设备和材料

实验设备主要为分光光度计。

（1）碳酸钠—硼砂混合熔剂：称取1份硼砂与1份无水碳酸钠于蒸发皿中，在600℃炉温灼烧，研细，混匀。

（2）盐酸（1+3）。

（3）盐酸（1+30）。

（4）氨水（1+5）。

（5）2,4-二硝基酚溶液（2g/L）：用乙醇配制。

（6）铬天青S溶液（0.8g/L）：取0.16g纯度不低于60%的铬天青S，溶于200mL乙醇（1+1）中，配后第二天使用，可稳定6天。

（7）抗坏血酸（10g/L），用时配制。

（8）六次甲基四胺溶液（200g/L），贮于塑料瓶中。

（9）氧化铝标准溶液：准确称取标准样品0.2500g于铂坩埚中，加混合熔剂3g仔细混匀，再覆盖2g，送入高温炉中，在1000℃熔融30min，取出，旋转坩埚，使熔融物附于坩埚内壁上，冷却，洗净外壁。在聚乙烯烧杯中，用热稀盐酸浸出，冷却后移入250mL容量瓶中，用水稀释至刻度，摇匀后，立即移入清洁并干燥过的塑料瓶中贮存，备用。

（10）空白溶液：取5g混合熔剂于铂坩埚中，在1000℃的高温炉中熔融30min，取出，洗净坩埚外壁，以100mL盐酸（1+3）加热浸出，移入250mL容量瓶中，冷却后用水稀释至刻度，摇匀。

三、实验步骤

试液的制备：准确称取试样0.2500g于铂坩埚中，加混合熔剂3g，搅拌均匀后，再加混合熔剂2g，将坩埚送入1050℃的高温炉中，熔融30min，取出，旋转坩埚，使熔融物附于坩埚内壁上，冷却后，用水洗净坩埚外壁。放入盛有 100mL 近沸盐酸（1+3）的 250mL 烧杯中，于电炉盘上加热浸出，用水洗出坩埚及其盖，移入 250mL 容量瓶中，冷却后，用水稀释至刻度，摇匀。

分别取空白溶液、标准溶液、试液 5mL 于 100mL 容量瓶中，加水 30mL，加入一滴 2，4-二硝基酚溶液、1mL 抗坏血酸，滴加氨水至溶液呈现黄色，立即滴加盐酸至黄色刚褪去，再过加 3mL，放置 5min，加 8mL 铬天青 S 溶液，8mL 六次甲基四胺溶液，用水稀释至刻度，摇匀，放置 5min。用 1cm 比色皿在分光光度计上于波长 550nm 处，在 40min 内测其吸光度。

四、实验结果

氧化铝的质量分数按式（5-3）计算：

$$w(Al_2O_3)(\%) = \frac{\text{试液读数}}{\text{标液读数}} \times \text{标液 } Al_2O_3 \text{ 质量分数} \tag{5-3}$$

结果保留至小数点后两位。

第 5 节　实验 5-5　络合滴定法测定氧化钙、氧化镁量

一、实验原理

试样用碳酸钠—四硼酸钠混合熔剂熔融，稀盐酸浸取。取部分溶液，用三乙醇胺掩蔽干扰，加氢氧化钾使试液 pH≈13，以钙指示剂指示，用 EDTA 标准溶液滴定氧化钙。另取部分溶液，用三乙醇胺掩蔽干扰，加氨性缓冲溶液（pH = 10），以铬黑 T 指示，用 EDTA 标准溶液滴定氧化钙、氧化镁。

二、实验材料

（1）碳酸钠—硼砂混合熔剂：称取 1 份硼砂与 1 份无水碳酸钠于蒸发皿中，在 600℃ 炉温灼烧，研细，混匀。

（2）盐酸（1+3）。

（3）氢氧化钾溶液（200g/L）。

（4）三乙醇胺（1+10）。

（5）氨性缓冲溶液（pH = 10）：称取 67. 5g 氯化铵溶于水中，加 570mL 氨水，用水稀释至 1000 mL，混匀。

（6）钙指示剂：称取 1g 铬黑 T 指示剂与 50g 预先于 105℃ ~110℃ 烘干的氯化钠研细，混匀，贮存于磨口瓶中。

（7）氧化钙、氧化镁标准溶液：准确称取标准样品 0. 2500g 于铂坩埚中，加混合熔剂 3g 仔细混匀，再覆盖 2g，送入高温炉中，在 1000℃ 熔融 30min，取出，旋转坩埚，使熔融物附于坩埚内壁上，冷却，洗净外壁。在聚乙烯烧杯中，用热稀盐酸浸出，冷却后移入 250mL 容量瓶中，用水稀释至刻度，摇匀后，立即移入清洁并干燥过的塑料瓶中贮存，备用。

（8）空白溶液：取5g混合熔剂于铂坩埚中，在1000℃的高温炉中熔融30min，取出，洗净坩埚外壁，以100mL盐酸（1+3）加热浸出，移入250mL容量瓶中，冷却后用水稀释至刻度，摇匀。

三、实验步骤

试液的制备：准确称取试样0.2500g于铂坩埚中，加混合熔剂3g，搅拌均匀后，再加混合熔剂2g，将坩埚送入1050℃的高温炉中，熔融30min，取出，旋转坩埚，使熔融物附于坩埚内壁上，冷却后，用水洗净坩埚外壁，放入盛有100mL近沸盐酸（1+3）的250mL烧杯中，于电炉盘上加热浸出，用水洗出坩埚及其盖，移入250mL容量瓶中，冷却后，用水稀释至刻度，摇匀。

移取50mL试液于400mL烧杯中，加15mL三乙醇胺、30mL氢氧化钾溶液及少量钙指示剂，用EDTA标准溶液滴定至溶液由红色变为纯蓝色为终点。

移取50mL试液于400mL烧杯中，加15mL三乙醇胺、30mL氨性缓冲溶液及少量铬黑T指示剂，用EDTA标准溶液滴定至溶液由红色变为蓝色为终点。

四、实验结果

（1）氧化钙的质量分数按式（5-4）计算：

$$w(\mathrm{CaO})(\%)=\frac{M_{\mathrm{CaO}}V_{\mathrm{CaO}}\times 56.08\div 1000}{G\times 50\div 250}\times 100 \tag{5-4}$$

（2）氧化镁的质量分数按式（5-5）计算：

$$w(\mathrm{MgO})(\%)=\frac{(M_{\mathrm{MgO}}V_{\mathrm{MgO}}-M_{\mathrm{CaO}}V_{\mathrm{CaO}})\times 40.31\div 1000}{G\times 50\div 250}\times 100 \tag{5-5}$$

结果保留至小数点后两位。

第6节　实验5-6　邻二氮杂菲光度法测定三氧化二铁量

一、实验原理

试样用碳酸钠—四硼酸钠混合熔剂熔融，稀盐酸浸取。用盐酸羟胺将三价铁还原为亚铁，在pH值为2~9的范围内，亚铁和邻二氮杂菲生成橙红色络合物，在分光光度计上于波长510nm处测量其吸光度。

二、实验设备和材料

实验设备主要为分光光度计。

（1）碳酸钠—硼砂混合熔剂：称取1份硼砂与1份无水碳酸钠于蒸发皿中，在600℃炉温灼烧，研细，混匀。

（2）盐酸（1+3）。

（3）盐酸羟胺溶液（50g/L）。

（4）邻二氮杂菲溶液（5g/L）：用乙醇（1+1）配制。

（5）乙酸铵溶液（200g/L）。

（6）三氧化二铁标准溶液：准确称取标准样品 0. 2500g 于铂坩埚中，加混合熔剂 3g 仔细混匀，再覆盖 2g，送入高温炉中，在 1000℃熔融 30min，取出，旋转坩埚，使熔融物附于坩埚内壁上，冷却，洗净外壁。在聚乙烯烧杯中，用热稀盐酸浸出，冷却后移入 250mL 容量瓶中，用水稀释至刻度，摇匀后，立即移入清洁并干燥过的塑料瓶中贮存，备用。

（7）空白溶液：取 5g 混合熔剂于铂坩埚中，在 1000℃的高温炉中熔融 30min，取出，洗净坩埚外壁，以 100mL 盐酸（1+3）加热浸出，移入 250mL 容量瓶中，冷却后用水稀释至刻度，摇匀。

三、实验步骤

试液的制备：准确称取试样 0. 2500g 于铂坩埚中，加混合熔剂 3g，搅拌均匀后，再加混合熔剂 2g，将坩埚送入 1050℃的高温炉中，熔融 30min，取出，旋转坩埚，使熔融物附于坩埚内壁上，冷却后，用水洗净坩埚外壁。放入盛有 100mL 近沸盐酸（1+3）的 250mL 烧杯中，于电炉盘上加热浸出，用水洗出坩埚及盖，移入 250mL 容量瓶中，冷却后，用水稀释至刻度，摇匀。

分别取空白溶液、标准溶液、试液 10mL 于 100mL 容量瓶中，加水 30mL，加入 5mL 盐酸羟胺溶液、5mL 邻二氮杂菲溶液、5mL 乙酸铵溶液，用水稀释至刻度，摇匀，放置 30min。用合适比色皿在分光光度计上于波长 510nm 处，测其吸光度。

四、实验结果

三氧化二铁的质量分数按式（5-6）计算：

$$w(Fe_2O_3)(\%) = \frac{\text{试液读数}}{\text{标液读数}} \times \text{标液 } Fe_2O_3 \text{ 质量分数} \tag{5-6}$$

结果保留至小数点后两位。

第 7 节　实验 5-7　二安替吡啉甲烷光度法测定二氧化钛量

一、实验原理

试样用碳酸钠—四硼酸钠混合熔剂熔融，稀盐酸浸取。在酸性介质中钛与二安替吡啉甲烷形成黄色络合物，在分光光度计上于波长 440nm 处测量其吸光度。加入抗坏血酸可以消除三价铁的干扰。

二、实验设备和材料

实验设备主要为分光光度计。

（1）碳酸钠—硼砂混合熔剂：称取 1 份硼砂与 1 份无水碳酸钠于蒸发皿中，在 600℃炉温灼烧，研细，混匀。

（2）盐酸（1+1）。

（3）抗坏血酸（10g/L），用时配制。

（4）二安替吡啉甲烷溶液（50g/L）：用盐酸（1+23）配制。

（5）六次甲基四胺溶液（200g/L），贮于塑料瓶中。

（6）二氧化钛标准溶液：准确称取标准样品 0.1000g 于铂坩埚中，加混合熔剂 3g 仔细混匀，再覆盖 2g，送入高温炉中，在 1000℃ 熔融 30min，取出，旋转坩埚，使熔融物附于坩埚内壁上，冷却，洗净外壁。在聚乙烯烧杯中，用热稀盐酸浸出，冷却后移入 250mL 容量瓶中，用水稀释至刻度，摇匀后，立即移入清洁并干燥过的塑料瓶中贮存，备用。

（7）空白溶液：取 5g 混合熔剂于铂坩埚中，在 1000℃ 的高温炉中熔融 30min，取出，洗净坩埚外壁，以 110mL 盐酸（2+9）加热浸出，移入 250mL 容量瓶中，冷却后用水稀释至刻度，摇匀。

三、实验步骤

试液的制备：准确称取试样 0.2500g 于铂坩埚中，加混合熔剂 3g，搅拌均匀后，再加混合熔剂 2g，将坩埚送入 1050℃ 的高温炉中，熔融 30min，取出，旋转坩埚，使熔融物附于坩埚内壁上，冷却后，用水洗净坩埚外壁。放入盛有 110mL 近沸盐酸（2+9）的 250mL 烧杯中，于电炉盘上加热浸出，用水洗出坩埚及盖，移入 250mL 容量瓶中，冷却后，用水稀释至刻度，摇匀。

分别取空白溶液、标准溶液、试液 15mL 于 100mL 容量瓶中，加盐酸（1+1）10mL，加 5mL 抗坏血酸，加二安替吡啉甲烷 10mL，用水稀释至刻度，摇匀，放置 60min。用 1cm 比色皿在分光光度计上于波长 440nm 处，测其吸光度。

四、实验结果

二氧化钛的质量分数按下式计算：

$$w(TiO_2)(\%) = \frac{\text{试液读数}}{\text{标液读数}} \times \text{标液 } TiO_2 \text{ 质量分数} \tag{5-7}$$

结果保留至小数点后两位。

6 耐火材料原料

Refractory Raw Material

好的耐火材料原料是好的耐火材料产品的基础，而好的耐火材料产品才有可能适应高温工业窑炉对耐火材料的要求。原料之重要性，不言而喻。本章为此课程开设了四个实验项目。

第1节 实验6-1 耐火原料形态和物理特征观察

一、实验目的

（1）掌握耐火原料形态的分辨方法。

（2）学会对耐火原料进行物理性质观察。

二、耐火原料的形态

（1）单体形态：一向延伸（电气石）；二向延伸（硅灰石）；三向延伸。

（2）规则连生体形态：简单双晶（正长石）；聚片双晶（钠长石）；穿插双晶（萤石）。

（3）矿物集合体形态：柱状聚合体；片状集合体（蛭石）；粒状集合体；鲕状（赤铁矿）、结核状，葡萄状，杏仁状（黄铁矿）、钟乳状（碳酸盐类矿物）、玛瑙晶腺。

三、耐火原料的物理特征

（1）颜色。

（2）条痕。

（3）光泽：金属光泽（辉锑矿）；半金属光泽（赤铁矿）；金刚光泽（金刚石、锆英石）；玻璃光泽（石英、萤石）。

（4）透明度。

（5）解理：极完全解理（云母）；完全解理（方解石）；中等解理（辉石、角闪石）；不完全解理（橄榄石）；无解理（石英断口）。

（6）硬度（莫氏硬度）：滑石1；石膏2；方解石3；萤石4；磷灰石5；正长石6；石英7；黄玉8；刚玉9；金刚石10。另外：指甲2.5；铜钥匙3.0；小刀5.5；玻璃6.0。

四、思考题

耐火原料的形态和物理特征主要包括哪些方面？

第2节 实验6-2 原料颗粒体积密度、显气孔率和吸水率测定

一、实验目的

（1）理解耐火原料的体积密度、显气孔率和吸水率的概念。

（2）掌握耐火原料的体积密度、显气孔率和吸水率的测定方法。

二、实验原理

耐火原料及制品或多或少含有大小不同、形状不一的气孔。浸渍时能被液体填充的气孔或与大气相通的气孔称为开口气孔；浸渍时不能被液体填充的气孔或不与大气相通的气孔称为闭口气孔。材料中所有开口气孔的体积与其总体积之比值称为显气孔率或开口气孔率，材料中所有开口气孔所吸收的水的质量与其干燥材料的质量之比值称为吸水率。固体材料的质量与其总体积之比值称为体积密度。用液体置换法测量已知质量的颗粒材料的体积。

体积密度表示耐火原料及制品的密实程度；显气孔率不仅反映材料的致密程度，而且反映其制造工艺是否合理；吸水率则用来评定原料烧结程度的好坏。

三、实验设备

（1）电热烘干箱。

（2）体积密度—显气孔率测定仪。

（3）液体静力天平。

四、实验步骤

将经破碎的试样全部通过孔径为5.6mm的筛网，并将小于2.0mm的颗粒弃去。将试样放在供洗涤用的筛网上，用水洗或空气吹（对水敏感的试样）除去表面附着的粉尘或松散的颗粒。将颗粒放在110±5℃的电热干燥箱中烘干至恒重，并于干燥器中自然冷却至室温。用天平分别称取两份40~60g的试样，精确至0.01g。

小心将称量过的试样放在不吸水的纤维布上，用细绳将它包扎牢固，放入抽真空装置中，抽真空至绝对压力小于2500Pa，试样在此真空度下保持5min，然后在5min内缓慢注入供试样吸收的浸渍液，直至试样完全淹没，再保持抽真空5min，停止抽气，将容器取出静置于空气中，使其液体达到室温。

把网篮吊挂在天平的挂钩上，并使液体完全淹没网篮，将天平调至零点，再将网篮取出备用。然后，打开包扎布，将饱和试样小心地刮入网篮，迅速移至带有溢流管容器的浸渍液中，当浸渍液完全淹没试样后，上下移动网篮几次，将残留气泡逸出，将网篮吊在天平的挂钩上称量，精确至0.01g。

将棉纱布烘干，叠成4~8层厚，称其质量，然后用浸渍液使其饱和，在用手拧干，使其湿润的棉纱布质量为其干重的1.8~2.2倍。

从浸液中取出试样，小心地将其从网篮中移到不吸水的纤维布上，除去多余的液滴，

将试样连同不吸水的纤维布放到已拧过的湿润棉纱布上，仔细用棉纱布擦去颗粒表面附着的浸渍液，直到颗粒不再互相粘连、颗粒表面附着的浸渍液看不见为止（但不能把气孔中的浸渍液吸出），立即放在称量瓶中，称量饱和试样在空气中的质量，精确至 0.01g。

五、实验结果

（1）体积密度（D_b）：

$$D_b = \frac{m_1 \times D_e}{m_3 - m_2} \tag{6-1}$$

（2）显气孔率（P_a）：

$$P_a = \frac{m_3 - m_1}{m_3 - m_2} \times 100\% \tag{6-2}$$

（3）吸水率（W_a）：

$$W_a = \frac{m_3 - m_1}{m_1} \times 100\% \tag{6-3}$$

式中　D_b——试样的体积密度，g/cm^3；

P_a——试样的显气孔率，%；

W_a——试样的吸水率，%；

m_1——干燥试样的质量，g；

m_2——饱和试样的表观质量，g；

m_3——饱和试样在空气中的质量，g；

D_e——在实验温度下，浸渍液体的密度，g/cm^3。

（4）数据处理：以平均值为实验结果。体积密度计算结果保留至小数点后 2 位，显气孔率和吸水率计算结果精确至 0.1%。

六、思考题

简述所知道的原料的特征性能，如何判断镁砂、矾土、硅石等原料质量的好坏？

第 3 节　实验 6-3　轻烧氧化镁化学活性测定

一、实验目的

（1）学会轻烧氧化镁化学活性的测定方法。

（2）理解测定氧化镁化学活性的意义。

二、实验原理

菱镁矿煅烧时碳酸镁发生分解，释放出二氧化碳气体同时生成氧化镁。在不同温度下煅烧，可生成物理化学性质具有明显差别的氧化镁。一般来讲 700～1000℃下煅烧得到轻烧镁，与水化合比较快，具有黏结性，可用于制备水泥；1000℃以上煅烧得到重烧镁，不易与水和酸化合，抗腐蚀性很强，适用作高温耐腐蚀材料；在2500~3000℃电炉中熔融，冷却凝固后得到完好的方镁石晶体，称为电熔镁，用作绝缘和高级耐火材料。

氧化镁的活性是一个相对概念，是指在特定的实验条件下参与化学或物理过程的能力，活性越高，越容易进行物理化学变化。不同来源及制备条件的氧化镁由于其结晶性不同，活性也不同，一般来说，随着氧化镁结晶性的提高，活性降低。氧化镁在空气中存放时，随着存放时间的延长氧化镁的活性下降，一方面由于离子的扩散迁移而使氧化镁晶粒变大，结构更完整，活性下降，同时由于吸收空气中的二氧化碳及水分，也使得活性下降。测定氧化镁活性的方法很多，常用的有比表面积法、柠檬酸法、水化法和物相分析法。

三、实验设备和材料

（一）实验设备

（1）秒表（精度±0.2s）。

（2）温度计（精度±0.1℃）。

（3）分析天平（精度0.0001g）。

（4）烧杯（300mL）。

（5）容量瓶（1000mL）。

（6）玻璃称量瓶（Φ24mm×40mm）。

（7）碱式滴定管（50mL、100mL）。

（8）恒温恒速磁力搅拌器及搅拌子（外包有塑料）。

（二）实验材料

（1）柠檬酸。

（2）氢氧化钠。

（3）苯二甲酸氢钾（基准试剂）。

（4）酚酞指示剂溶液（10g/L）的乙醇溶液。

四、实验步骤

实验采用柠檬酸中和法测定轻烧氧化镁的活性，按照YB/T 4019—2006规定，称取2.00±0.05g试料，将试料置于干燥的300mL烧杯中，放一枚搅拌子，立即快速加入200mL40℃的柠檬酸标准溶液（事先加3滴酚酞指示剂溶液），同时打开秒表，开动磁力搅拌器（500r/s），待试液刚呈现红色立即停秒表，以秒数表示轻烧氧化镁的活性。

五、实验结果

经过大量实验，表6-1为不同温度下保温2h后氧化镁的活性情况，结果表明850℃条件下的氧化镁活性最优。改变850℃煅烧条件下保温时间，将实验数据列于表6-2中，可以看出在0.5~2.0h区间内，随着保温时间的增加活性增强，保温2h活性最好，继续增加保温时间活性降低。

表 6-1　不同温度下保温 2h 后氧化镁活性

温度/℃	原料质量/g	柠檬酸量/mL	酚酞量/滴	颜色变化时间
600	2.00	100	3	无变化
650	2.00	100	3	无变化
700	2.00	100	3	7 分 29 秒 21
750	2.00	100	3	1 分 58 秒 85
800	2.00	100	3	46 秒 97
850	2.00	100	3	36 秒 65
900	2.00	100	3	58 秒 09
950	2.00	100	3	2 分 35 秒 07
1000	2.00	100	3	3 分 15 秒 87
1050	2.00	100	3	13 分 40 秒 35
1100	2.00	100	3	4 分 49 秒 34

表 6-2　煅烧温度 850℃后氧化镁活性

保温时间/h	原料质量/g	柠檬酸量/mL	酚酞量/滴	颜色变化时间
0.5	2.00	100	3	45 秒 79
1.0	2.00	100	3	39 秒 09
1.5	2.00	100	3	37 秒 60
2.0	2.00	100	3	36 秒 65
2.5	2.00	100	3	42 秒 57

六、思考题

氧化镁的化学活性与哪些因素有关，测定其活性有何意义？

第 4 节　实验 6-4　耐火原料辨识

实验指导教师任意取 20~30 种矿物原料、耐火原料，由学生进行辨识，并说出其基本的性质或简单的烧成工艺制度，根据其辨识的个数及正确率由实验指导教师给出实验成绩。

7 材料现代研究方法

Modern Analysis Techniques of Materials

随着现代材料科学领域的研究与技术不断发展，许多新的材料体系、材料结构、材料性能不断涌现，对材料表征方法与手段的要求也越来越高。本章为无机非金属材料工程专业的学生设置了七种现代研究方法的实验项目。

第1节 实验7-1 热分析

所谓热分析可以解释为以热进行分析的一种方法，现在把根据物质的温度变化所引起的性能变化（如热能量、质量、尺寸、结构等）来确定状态变化的方法统称为热分析，即热分析方法是利用热学原理对物质的物理性能或成分进行分析的总称。

热分析的技术基础在于：物质在加热、冷却温度变化过程中，往往伴随着微观结构和宏观物理、化学等性质的变化，宏观上的物理、化学性质（状态）的变化，通常与物质的组成和微观结构相关联，通常伴随有相应的热力学性质或其他性质变化。通过测量分析物质在加热或冷却过程中的物理、化学性质的变化，可以对物质进行定性、定量分析，以帮助进行物质的鉴定，为新材料的研究和开发提供热性能数据和结构信息。

一、定义、术语

由于热分析方法应用范围广泛，测定方法很多，定义、术语比较混乱。1965 年第一届国际热分析协会期间组织了命名委员会，1968 年第二届国际热分析协会上推荐了热分析定义、术语的第一次方案，简介如下：

热分析是测量物质某一物性参数与温度有关的一类方法的统称。热分析的记录称为热分析曲线。

测定物质在加热或冷却过程中发生的各种物理、化学变化的方法可分为两大类，即测定加热或冷却过程中物质本身发生变化的方法及测定加热过程中从物质中产生的气体推知物质变化的方法。

（一）测定物理量随温度变化的方法

随温度变化的物质的物理量有能量、质量、尺寸、结构等，其测定方法各异。

（1）测定能量变化的方法有：

1）差热分析（DTA）。差热分析研究物质在加热过程中内部能量变化所引起的吸热或放热效应。其是把试样和参比物（热中性体）置于相等的温度条件，测定两者的温度差对温度或时间作图的方法。差热曲线的纵坐标表示温度差 ΔT，横坐标表示温度（T）或时间（t）。曲线向下是吸热反应，向上是放热反应。

2）示差扫描量热法。示差扫描量热法是把试样和参比物置于相等的温度条件，在程序控温下，测定试样与参比物的温度差保持为零时，所需要的能量对温度或时间作图的方法。记录称为示差扫描量热曲线，纵坐标表示单位时间所加的热量。

（2）测量质量变化的方法有：

1）热重法（TGA）。热重法研究物质在加热过程中质量的变化。热重法是把试样置于程序可控的加热或冷却的环境中，测定试样的质量变化对温度或时间作图的方法。记录称为热重曲线，纵坐标表示试样质量的变化。

2）微商热重法。微商热重法是把热重曲线对温度或时间进行一次微商。记录称为微商热重曲线。

（3）测定尺寸变化的方法有：

1）热膨胀法。热膨胀法研究物质在加热或冷却过程中所发生的膨胀或收缩。热膨胀法是在程序控温环境中测定试样尺寸变化对温度或时间作图的一种方法。纵坐标表示试样尺寸的变化（膨胀或收缩）。记录称为热膨胀曲线。

2）微商热膨胀法。微商热膨胀法是把热膨胀曲线对温度或时间进行一次微商。其记录称为微商热膨胀曲线。

3）示差热膨胀法。示差热膨胀法是在程序控温环境下，准确测定棒状试样与基准物质石英棒自由端位置之间的尺寸差对温度或时间作图的方法。记录称为示差热膨胀曲线。

除上述方法外，还有测定物质晶体结构随温度变化的高温 X 射线法、热—力法、电磁热分析、热光分析、放射热分析法等。

上述各种方法，均是随着试样温度程序式的变化，跟踪试样本身各种物理量的变化，从而测定物质的结构变化和反应状态。

（二）测定试样加热中产生气体的方法

这类方法是把固体试样放在真空或惰性气体中，测定加热时产生的气体，间接地推知试样的变化。根据检测气体的有无及其含量，有逸出气体检测法、热分解气体色谱分离法等。此外，还有按试样产生的气体的物理、化学性质采用不同的检测器（如热传导检测器、质谱仪等）进行分析的方法。

二、目前热分析技术分类

热分析是在程序控制温度下，测量物质的物理性质随温度变化的一类技术。国际热分析协会根据所测定的物理性质，将现有的热分析技术划分为 9 类 17 种，见表 7-1。

表 7-1　热分析技术分类

物理性质	分析技术名称	简　称
质量	热重法	TG
	等压质量变化测定	
	逸出气体检测	EGD
	逸出气体分析	EGA
	放射热分析	
	热微粒分析	

续表 7-1

物理性质	分析技术名称	简 称
温度	加热曲线测定	
	差热分析	DTA
焓	示差扫描量热法	DSC
尺寸	热膨胀法	
力学特性	热机械分析	TMA
	动态热机械分析	DMA
声学特性	热发声法	
	热声学法	
光学特性	热光学法	
电学特性	热电学法	
磁学特性	热磁学法	

这些热分析技术不仅能独立完成某一方面的定性、定量测定，而且还能与其他方法互相印证和补充，已成为研究物质的物理性质、化学性质及其变化过程的重要手段。它在基础科学和应用科学的各个领域都有极其广泛的应用。

差热分析、示差扫描量分析、热重分析和热机械分析是热分析的四大支柱，用于研究物质的晶型转变、融化、升华、吸附等物理现象以及脱水、分解、氧化、还原等化学现象。它们能快速提供被研究物质的热稳定性、热分解产物、热变化过程的焓变、各种类型的相变点、玻璃化温度、软化点、比热容、纯度、爆破温度等数据，以及高聚物的表征及结构性能研究，也是进行相平衡研究和化学动力学过程研究的常用手段。

本节根据专业特点，设置了差热分析、热重分析和综合热分析三部分内容。

第一部分 差 热 分 析

差热分析方法能较精确的测定和记录一些物质在加热过程中发生的失水、分解、相变、氧化、还原、升华、熔融、晶格破坏和重建，以及物质间相互作用等一系列的物理化学现象，并借以判定物质的组成及反应机理。因此，差热分析法已广泛用于地质、冶金、耐火材料、陶瓷、玻璃、水泥、建材、石油、高分子等各个领域的科学研究和工业生产中。差热分析方法与其他现代的测试方法配合，有利于材料研究工作的深化，目前已是材料科学研究中不可缺少的方法之一。

一、实验目的

（1）了解差热分析仪的基本工作原理。

（2）了解差热分析仪的基本结构及使用方法。

（3）熟悉差热分析的特点，掌握差热曲线的分析方法。

（4）通过实际样品观察与分析，学会用差热曲线分析材料的物相组成、鉴定矿物的方法。

二、实验原理

物质在加热过程中的某一特定温度下，由于脱水、分解或相变等往往会发生物理、化学变化并伴随有吸热、放热现象。差热分析就是通过精确测定物质加热（或冷却）过程中伴随物理化学变化的同时产生热效应的大小以及产生热效应时所对应的温度，来达到对物质进行定性或定量分析的目的。它是在程序控温条件下，测量试样与参比物（热中性体）之间的温度差与温度（或时间）关系的一种技术。

在进行差热分析时，将试样和参比物分别放置于差热电偶的热端所对应的两个样品座内（即加热炉中的两个坩埚内），在同一温度场中加热。当样品未发生物理、化学状态变化时，试样温度 T_s 和参比物 T_r 相同，$\Delta T=T_s-T_r=0$；当试样加热过程发生物理、化学变化而产生放热或吸热效应时，试样的温度就会高于或低于参比物的温度，产生温度差 ΔT，这个温度差由置于两者中的热电偶反映出来，差热电偶的冷端就会输出相应的温差热电势。相应的温差热电势信号经放大后送入记录仪，从而得到以 ΔT 为纵坐标、温度 T 为横坐标的差热分析（DTA）曲线。如果试样加热过程中无热效应产生，则差热电势为零。通过检流计偏转与否来检测差热电势的正负，就可推知是吸热或放热效应。在与参比物质对应的热电偶的冷端连接上温度指示装置，就可检测出物质发生物理化学变化时所对应的温度。不同的物质，产生热效应的温度范围不同，差热曲线的形状也不相同。

差热曲线的纵坐标表示样品和参比物的温度差 ΔT，横坐标表示温度或时间。差热分析中，当试样和参比物之间的温度差为常数时，差热曲线为一直线，称之为基线。当试样发生物理、化学变化产生热效应而使试样和参比物之间的温差不为常数时，形成峰谷。温度差为正值时为放热峰，温度差为负值时，形成吸热峰（向下为吸热峰，向上为放热峰）。通过出峰温度、峰谷的数目、形状和大小，可鉴定样品的矿物、相变，进而分析其吸热或放热反应。吸热反应包括矿物脱水、相变或多晶转变、物质的分解、还原反应等。放热反应包括化合反应、氧化反应等。峰形陡，热反应速度快，峰形平缓则速度慢。把试样的差热曲线与相同实验条件下的已知物质的差热曲线作比较，就可以定性地确定试样的矿物组成。差热曲线的峰（谷）面积的大小与热效应的大小相对应，根据热效应的大小，可对试样作定量估计。另外，矿物本身及实验条件对差热曲线的峰谷温度及形貌影响较大。

三、实验设备

HCT-4 型微机差热天平（见图 7-1）为微机化的 DTA-TG-DTG 同时分析仪，可以同时对微量试样进行差热分析、热重分析及热重微分测量。

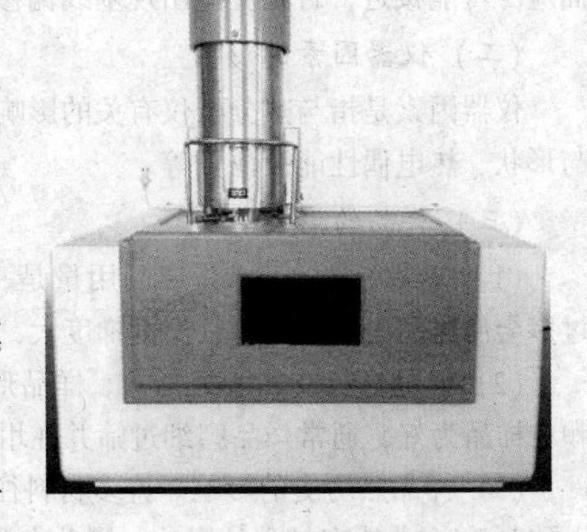
图 7-1　微机差热天平

四、实验步骤

（1）将选择好的参比物和待测试样分别装填进参比物座和试样座，尽可能使试样与参比物有相近的装填密度。

（2）将试样容器平稳放入加热炉内，调整好零点。

（3）调节微机内数据的设置，升温速度为 5~10℃/min。

（4）升温，开启冷却水，保持炉体平稳，不能震动。

(5) 结束后，关机，炉体温度100℃以下时，关闭冷却水。

(6) 根据记录数据进行分析，并绘制曲线。

五、差热曲线的分析方法

差热曲线的分析，究其根本就是解释差热曲线上每一个峰谷产生的原因，从而分析出被测试样是由哪些物相组成的。峰谷产生的原因主要有：

(1) 矿物的脱水：矿物脱水是表现为吸热。出峰温度、峰谷大小与含水类型、含水多少及矿物结构有关。

(2) 相变：物质在加热过程中所产生的相变或多晶转变多数表现为吸热。

(3) 物质的化合与分解：物质在加热过程中化合生成新矿物表现为放热，而物质的分解表现为吸热。

(4) 氧化与还原：物质在加热过程发生氧化反应时表现为放热，而发生还原反应时表现为吸热。

六、影响差热曲线形态的因素

DTA 的原理和操作比较简单，但由于影响热分析的因素比较多，因此要取得精确的结果并不容易。影响因素有仪器因素、试样因素、气氛、加热速度等，这些因素都可能影响峰的形状、位置甚至数目，所以在测试时不仅要严格控制实验条件，还要研究实验条件对所测数据的影响，并且在发表数据时应明确测定所采用的实验条件。

(一) 实验条件的影响

(1) 升温速率的影响。程序升温速率主要影响 DTA 曲线的峰位和峰形，一般升温速率大，峰位越向高温方向迁移以及峰形越陡。

(2) 气氛的影响。不同性质的气氛，如氧化性、还原性和惰性气氛对 DTA 曲线的影响很大，有些情况可能会得到截然不同的结果。

(3) 参比物的影响。参比物与样品在用量、装填、密度、粒度、比热及热传导等方面应尽可能接近，否则可能出现基线偏移、弯曲，甚至造成缓慢变化的假峰。

(二) 仪器因素的影响

仪器因素是指与热分析仪有关的影响因素，主要包括加热炉的结构与尺寸、坩埚材料与形状、热电偶性能及位置等。

(三) 样品的影响

(1) 样品用量的影响。样品用量是一个不可忽视的因素。通常用量不宜过多，因为过多会使样品内部传热慢、温度梯度大，导致峰形扩大和分辨率下降。

(2) 样品形状及装填的影响。样品形状不同所得热效应的峰的面积不同，以采用小颗粒样品为好，通常样品磨细过筛并在坩埚中装填均匀。

(3) 样品热历史的影响。许多材料往往由于热历史的不同而产生不同的晶态或晶型，以致对 DTA 曲线有较大的影响，因此在测定时控制好样品的热历史条件是十分重要的。

总之，DTA 的影响因素是多方面的、复杂的，有的因素是难以控制的。因此，要用 DTA 进行定量分析比较困难，一般误差很大。如果只做定性分析，则很多影响因素可以忽略，只有样品量和升温速率是主要因素。

七、思考题

（1）简述差热分析的原理及应用范围。

（2）分析实验中影响测试准确度的因素。

（3）测绘一个混合物的差热曲线，解释放热峰和吸热峰产生的原因。

第二部分　热 重 分 析

一、实验目的

（1）了解热重分析的基本工作原理。

（2）了解热重分析的基本结构及使用方法。

（3）学会用热重分析仪分析材料的物相组成、鉴定矿物的方法。

二、实验原理

许多物质在加热和冷却过程中除产生热效应外，往往有质量变化，其变化的大小及出现的温度与物质的化学组成和结构密切相关。因此，利用加热或冷却过程中物质质量变化的特点，可以区别和鉴定不同的物质，这种方法称为热重法。

热重法是在程序控温条件下，通过热天平测量样品质量，得到质量与温度（或时间）的函数关系曲线，得到的曲线称为热重分析（TG）曲线。曲线的纵坐标表示试样质量的变化，可以是失重的百分数，还可以是余重的百分数；横坐标为温度 T（或时间 t）。如果纵坐标用试样失重的百分数表示，构成如图 7-2 所示的曲线。纵坐标以试样余重的百分数表示，构成如图 7-3 所示的曲线。

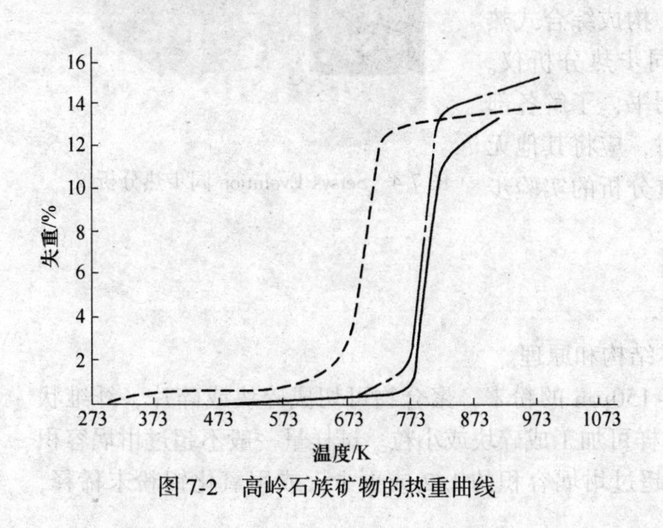

图 7-2　高岭石族矿物的热重曲线

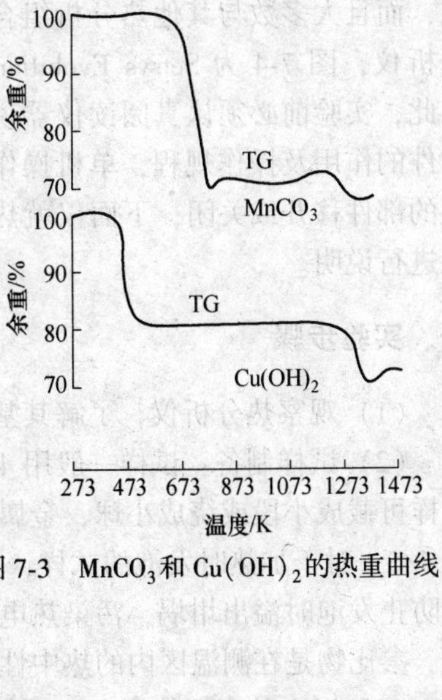

图 7-3　$MnCO_3$ 和 $Cu(OH)_2$ 的热重曲线

三、实验设备

热重分析通常有两种方法，即静法和动法。静法是把试样在各给定的温度下加热至恒重，然后按质量温度变化作图（见图 7-2 和图 7-3）。动法是在加热过程中连续升温和称重，按质量温度变化作图。静法的优点是精度比较高，能记录微小的失重变化；缺点是操作繁复，时间较长。动法的优点是能自动记录，可与差热分析法紧密配合，有利于对比分析；缺点是对微小的质量变化灵敏度较低。

热重分析仪分为热天平式和弹簧秤式两种。

（1）热天平式。目前的热重分析仪多采用热天平式。天平梁的支点使用刀口、针轴或扭系。采用扭系支点时，质量的变化表现为梁的倾斜，灵敏度较低。用变位法或零位法测量和记录试样质量的变化。变位法是使天平梁的倾斜与试样质量的变化成比例，以差动变压器等检测其倾斜度，进行自动记录。零位法采用差动变压器、光学方法及电触点等检测天平梁的倾斜，用螺旋管线圈作用于天平系统中的永久磁铁，致使倾斜的天平梁复位。由于施加给永久磁铁的力与试样的质量变化成比例，又与流过螺旋管线圈中的电流成正比，因此测量和记录电流的变化量便可得到热重曲线。

（2）弹簧秤式。弹簧秤式的原理是虎克定律，即弹簧在弹性限度内其应力与应变成线性关系。一般的弹簧材料因其弹性模量随温度变化，容易产生误差，所以采用随温度变化小的石英玻璃或退火的钨丝制作弹簧。

石英玻璃丝弹簧因其内摩擦力极小，一旦受到冲击而振动，难以衰减，因此操作困难。为防止加热炉的热辐射和对流所引起的弹簧弹性模量的变化，弹簧周围装有循环恒温水等。弹簧秤法是利用弹簧的伸长与重量成比例的关系，所以可利用测高仪读数或者用差动变压器将弹簧的伸长量转换成电信号进行自动记录。

目前应用最广的热重分析仪多采用自动记录式，而且大多数与其他热分析组合，构成综合式热分析仪，图 7-4 为 Setsys Evolution 同步热分析仪。因此，实验前必须认真阅读仪器说明书，了解各部构件的作用及操作规程，单机操作时，应将其他无关的部件移开或关闭，下面仅就热重分析的实验步骤进行说明。

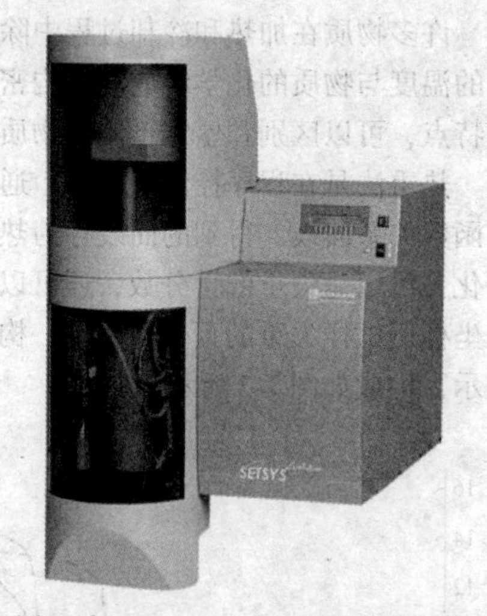

图 7-4 Setsys Evolution 同步热分析仪

四、实验步骤

（1）观察热分析仪，了解其基本结构和原理。

（2）试样制备：试样一般用 48~150μm 的粉末，聚合物可切成碎块或碎片，纤维状试样可截成小段或绕成小球，金属试样可加工成碎块或小粒。试样量一般不超过坩埚容积的 4/5，对于加热时发泡的试样，不超过坩埚容积的 1/2 或更少，或用氧化铝粉末稀释，以防止发泡时溢出坩埚，污染热电偶。

参比物是在测温区内的热中性物质，一般用三氧化二铝粉末，粒度为 48~150μm，经过 1300℃以上的高温焙烧和干燥保存。参比物的导热性能及热容最好与试样接近，以减少差热曲线基线的漂移。做金属实验的差热分析时也可用铜或不锈钢做参比物；试样量较少或热容很小时，也可以不用参比物，直接放空坩埚。

(3) 实验过程：

1) 依次接通热重分析仪、接口及计算机电源，预热30min以上。

2) 天平室和样品室分别通入流量为40mL/min和30mL/min的高纯氮气和空气。

3) 降下加热炉，将选好的参比物和待测试样分别装填进参比物座和试样座，尽可能使试样与参比物有相近的装填密度。提升加热炉至工作位置，待读数稳定后，读出样品质量。

4) 将试样容器平稳放入加热炉内，调整好热电偶的位置以及记录仪零点。

5) 调节控温器升温速度，以40℃/min升温至500℃，而后以10℃/min升温至实验温度，同时记录参数。

6) 实验结束后，热重分析仪自动生成TG、DTA曲线。

(4) 分析TG、DTA曲线，鉴定材料的物相组成。

(5) 检查核对。

五、实验注意事项

(1) 升温前开启电炉水冷系统。

(2) 坩埚中的试样不宜加得太多，以免加热时溢出，污染容器和影响差热曲线形貌。

(3) 对比分析用的试样，其测试条件必须保持完全一致。

(4) 炉内若可使用气氛，可根据实验要求通入气氛。

(5) 测试完毕，电炉应冷却到300℃以下才能停止循环水系统。

六、影响热重分析的因素

(一) 实验条件的影响

(1) 样品盘的影响。在热重分析时样品盘是惰性材料制作的，如铂或陶瓷等。然而对碱性试样不能使用石英和陶瓷样品盘，这是因为他们都和碱性试样发生反应而改变TG曲线。使用铂制样品盘时必须注意铂对许多有机化合物和某些无机化合物有催化作用，所以在分析时选用合适的样品盘十分重要。

(2) 挥发物冷凝的影响。样品受热分解或升华，溢出的挥发物往往在热重分析仪的低温区冷凝。这不仅污染仪器，而且使实验结果发生严重偏差，对于冷凝问题，可从两方面解决：一方面从仪器上采取措施，在试样盘的周围安装一个耐热的屏蔽套管或采用水平结构的热天平；另一方面可从实验条件着手，尽量减少样品用量和选用合适的净化气体流量。

(3) 升温速率的影响。升温速率对热重法的影响比较大。由于升温速率较大，所产生的热滞后现象严重，往往导致热重曲线上的起始温度T_i和终止温度T_f偏高。另外，升温速率快往往不利于中间产物的检出，在TG曲线上呈现出的拐点很不明显，升温速度慢可得到明确的实验结果。改变升温速率可以分离相邻反应，如快速升温时曲线表现为转折，而慢速升温时可呈平台状，为此在热重法中，选择合适的升温速率至关重要，在报道的文献中TG实验的升温速率以5℃/min或10℃/min的居多。

(4) 气氛的影响。热重法通常可在静态气氛或动态气氛下进行测定。在静态气氛下，如果测定的是一个可逆的分解反应，虽然随着升温，分解速率增大，但是由于样品周围的气体浓度增大又会使分解速率降低；另外炉内的气体对流可造成样品周围气体浓度不断变化，这些因素会严重影响实验结果，所以通常不采用静态气氛。为了获得重复性好的实验结果，一般在严格控制的条件下采用动态气氛，使气流通过炉子或直接通过样品。不过当样品支持器的形状比较复杂时，如欲观察试样在氮气下的热解等，则需预先抽空，而后在比较平稳的氮气流下进行实验。控制气氛有助于深入了解反映过程的本质，使用动态气氛更易于识别反应类型和释放的气体，以及对数据进行定量处理。

（二）样品的影响

（1）样品用量的影响。由于样品用量大会导致热传导差而影响分析结果，通常样品用量越大，由样品的吸热和放热反应引起的样品温度偏差也越大；样品用量大对溢出气体扩散和热传导都是不利的；样品用量大会使其内部温度梯度增大。因此，在热重法中样品用量应在热重分析仪灵敏度范围内尽量小。

（2）样品粒度的影响。样品粒度同样对热传导和气体扩散有较大影响，粒度越小，反应速率越快，使 TG 曲线上的起始温度 T_i 和终止温度 T_f 降低，反应区间变窄，试样颗粒大往往得不到较好的 TG 曲线。

七、思考题

（1）简述热重分析的原理及应用。

（2）影响热重分析准确度的因素有哪些？

第三部分 综合热分析

综合热分析是研究相平衡与相变的动态方法中的一种，利用综合热分析得到的数据，工艺上可以确定材料的烧成制度及玻璃的转变与受控结晶等工艺参数，还可以对矿物进行定性、定量分析。测量热量随温度变化的有热分析（TA，thermal analysis）、差热分析（DTA，differential thermal analysis）、差示扫描量热分析（DSC，differential scanning calorimetry），测量重量变化的有热重分析（TGA，thermal gravity analysis）、微分热重（DTG）等。目前常见的综合热分析仪器可以同时测量热量和重量变化，如 DSC -TG 等。

将单功能的热分析仪相互组装在一起，就可变成多功能的综合热分析仪，如 DTA-TG、DSC-TG、DTA-TMA、DTA-TG-DTG 等。其优点是在完全相同的实验条件下，即在同一次实验中可以获得多种信息，如 DTA-TG-DTG 综合热分析可以一次同时获得差热曲线、热重曲线和微商热重曲线。根据在相同实验条件下得到的样品热变化的多种信息，就可以比较顺利地得出符合实际的判断。综合热曲线实际上是将各种单功能热曲线测绘在同一张记录纸上，因此，各单功能标准热曲线可以作为综合热曲线中各个曲线的标准。利用综合热曲线进行矿物鉴定或解释峰谷产生的原因时，可查阅有关的标准图谱。

第 2 节 实验 7-2 扫描电镜分析

一、实验目的

（1）了解扫描电镜基本结构和工作原理。

(2) 了解扫描电镜样品类型及样品制备过程。

(3) 了解扫描显微镜的操作过程及表面形貌观察。

(4) 了解能谱仪的结构和原理，能正确选择微区成分分析方法。

二、扫描电镜的基本结构和工作原理

扫描电子显微镜（scanning electron microscope，简称扫描电镜或 SEM）是目前较先进的一种大型精密分析仪器，其设计思想和工作原理早在 1935 年便已被提出来了。1942 年，英国首先制成一台实验室用的扫描电镜，但由于成像的分辨率很差，照相时间太久，所以实用价值不大。经过各国科学工作者的努力，尤其是随着电子工业技术水平的不断发展，1965 年，在各项基础技术有了很大进展的前提下才在英国诞生了第一台实用化的商品仪器。此后，荷兰、美国、西德也相继研制出各种型号的扫描电镜，二战后日本在美国的支持下生产出扫描电镜，中国则在 20 世纪 70 年代生产出自己的扫描电镜。20 世纪 80 年代末期，各厂家的扫描电镜的二次电子像分辨率均已达到 4. 5nm。目前，中高档钨灯丝枪扫描电镜的分辨率在 3~6nm 左右，场发射枪扫描电镜的分辨率已达到 0. 8nm，广泛地应用在材料、生物、医药、冶金、地质、石油、矿物、半导体及集成电路等学科领域中，促进了各个相关学科的发展。其优点是：

(1) 景深长、图像富有立体感。

(2) 图像的放大倍率可在大范围内连续改变，且分辨率高。

(3) 样品制备方法简单，可动范围大，便于观察。

(4) 样品的辐照损伤及污染程度较小。

(5) 可实现多功能分析。

(一) 扫描电镜基本结构

扫描电镜基本结构如图 7-5 所示，主要包括：

(1) 电子光学系统。电子枪、聚光镜、物镜光阑。

(2) 扫描系统。扫描信号发生器、扫描放大控制器、扫描偏转线圈。

(3) 信号探测放大系统。探测二次电子、背散射电子等信号。

(4) 图像显示和记录系统。早期 SEM 采用显像管、照相机等，数字式 SEM 采用电脑系统进行图像显示和记录管理。

(5) 真空系统。真空泵高于 133.322×10^{-4} Pa，常用机械真空泵、扩散泵、涡轮分子泵。

(6) 冷却循环水系统。冷却水装置。

(7) 电源系统。高压发生装置、高压油箱。

(二) 扫描电镜的工作原理

扫描电镜是由电子枪发射并经过聚焦的电子束在样品表面扫描，激发样品产生各种物理信号，如图 7-6 所示，经过检测、视频放大和信号处理，在荧光屏上获得能反映样品表面各种特征的扫描图像。

(1) 背反射电子。被固体样品原子反射回来的一部分入射电子，包括弹性和非弹性背反射电子，弹性背反射电子是被样品原子核反弹回来，散射角大于 90°的入射电子，其能量没有变化；非弹性背反射电子是入射电子和核外电子撞击后产生非弹性散射，不仅能

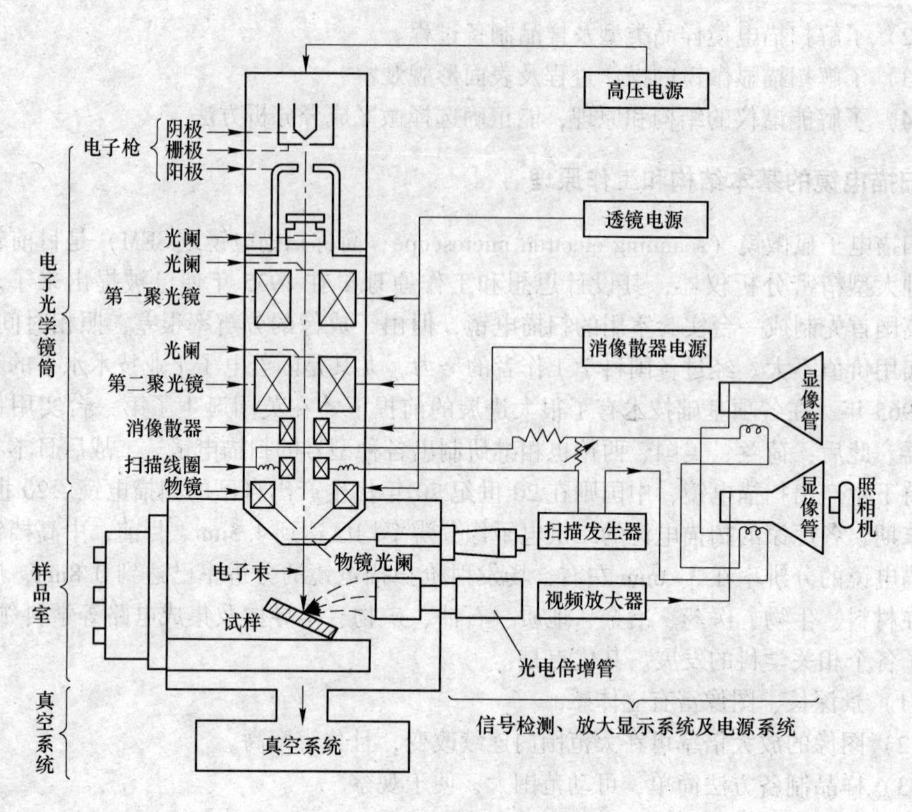

图 7-5 扫描电子显微镜结构图

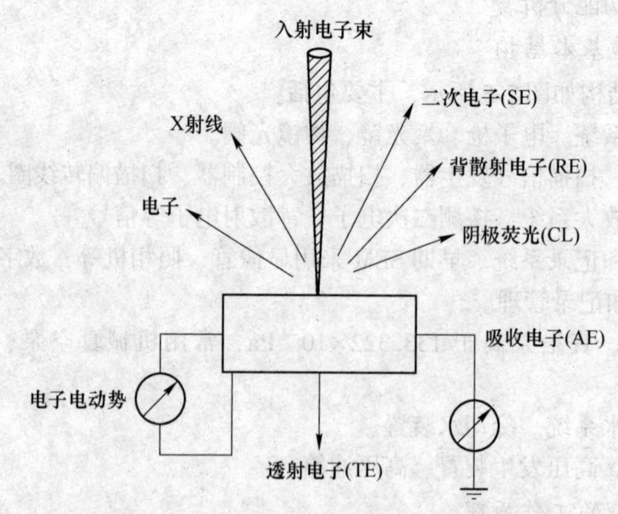

图 7-6 入射电子束轰击样品产生的信息示意图

量变化，而且方向也发生变化。背反射电子的产生范围在 100nm ~ 1mm 深度，成像分辨率一般为 50 ~ 200nm，背反射电子产额随原子序数增加而增加。

（2）二次电子。二次电子是被入射电子轰击出来的核外电子，自表面 5 ~ 10nm 的区域，能量为 0 ~ 50eV，对样品表面状态非常敏感，能有效显示样品表面的微观形貌。由于它发自试样表层，入射电子还没有被多次反射，以此产生二次电子的面积与入射电子的照射面积没有多大区别，所以二次电子的分辨率较高，一般可达到 5～10nm。扫描电镜的分辨率一般就是二次电子的分辨率，二次电子产额随原子序数的变化不大，主要取决于表面形貌。

（3）特征 X 射线。原子的内层电子受到激发以后在能级跃迁过程中直接释放，是具有特征能量和波长的一种电磁波。X 射线一般在试样的 500nm～5mm 深处发出。

（4）俄歇电子。如果原子内层电子能级跃迁过程中，释放出来的能量不是以 X 射线形式释放，而是用该能量将核外另一电子打出，脱离原子变成二次电子，这种二次电子称为俄歇电子。因每一种原子都有自己特定的壳层能量，所以它们的俄歇电子能量也各有特征值，能量在 50～1500eV 范围内。俄歇电子由试样表面极有限的几个原子层中发出，适用于表层化学成分分析。

三、能谱仪的基本结构和工作原理

能谱仪（EDS）是利用 X 光量子的能量不同来进行元素分析的方法，对于某一种元素的 X 光量子从主量子数为 n_1 的层上跃迁到主量子数为 n_2 的层上时有特定的能量 $\Delta E = E_{n_1} - E_{n_2}$。X 光量子的数目是作为测量样品中某元素的相对质量分数用，即不同的 X 光量子在多道分析器的不同道址出现，而脉冲数—脉冲高度曲线在荧光屏或打印机上显示出来，这就是 X 光量子的能谱曲线。所谓能谱仪实际上是一些电子仪器，主要单元是半导体探测器（一般称探头）和多道脉冲高度分析器，用以将 X 光量子按能量展谱。

四、实验仪器

ZEISS 公司生产的 ΣIGMA HD 型场发射扫描电子显微镜/牛津仪器能谱仪如图 7-7 所示。

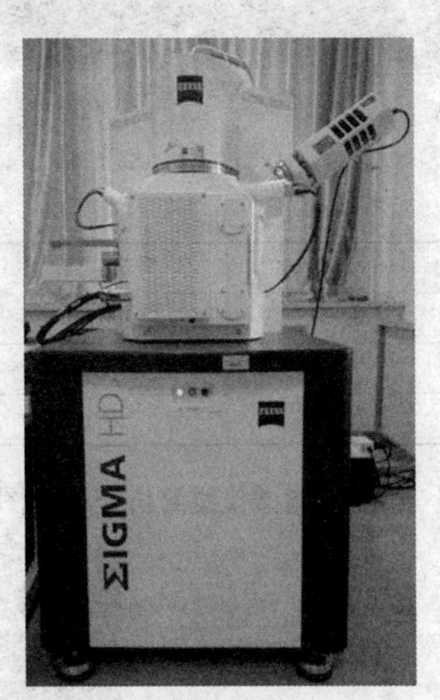

图 7-7　场发射扫描电子显微镜/牛津仪器能谱仪

五、扫描电镜样品观察

（一）样品制备

以耐火材料样品为例，样品种类通常包含光片、断口、表面和粉末样品。

总体要求：干燥、清洁、无腐蚀性、无挥发性。对于不导电的样品要进行喷金处理。

（1）光片样品制备。包括切样、渗胶、研磨、抛光等步骤，最后获得的试样表面要达到镜面水平。

（2）断口试样样品制备。样品应选择新鲜断面，表面尽量平整，高度差不大于 3mm，用以敲断口的工具应是清洁的，以免引入脏东西。为防止断口表面有不固定物质及灰尘，最好用超声波仔细清洗，烘干即可，全程请勿用手指接触待测面。

（3）表面试样样品制备。保证试样表面的原始状态不被破坏，同时为了避免大气中粉尘和手指等污染，一般放置在超声波内清洗试样，烘干即可。

（4）粉末样品制备。先将样品托上粘一小条导电胶带，然后在粘好的胶带上撒少许粉末，把样品台朝下，使未与胶带接触的颗粒脱落，再用洗耳球轻吹，吹掉黏结不牢固的粉末，这样胶带表面就留下一层粉末。

（二）扫描电镜操作步骤

（1）开机顺序：接通电源→打开循环水→油泵加热→抽高真空至要求指标→排气放入样品→抽高真空至要求指标→打开高压→调图像→实验记录。

（2）关机顺序：关灯丝电压→调节三轴 x、y、z 至原始位置→关闭扫描电镜→冷却15min 后关闭循环水→切断电源。

六、能谱仪的应用

结合实例，对能谱仪点分析、线分析、面分析应用进行介绍，根据需要正确选择微区成分分析方法。

（1）能谱仪点分析应用。能谱仪点分析照片和谱图如图 7-8 所示，其所测得的标准样品见表 7-2。

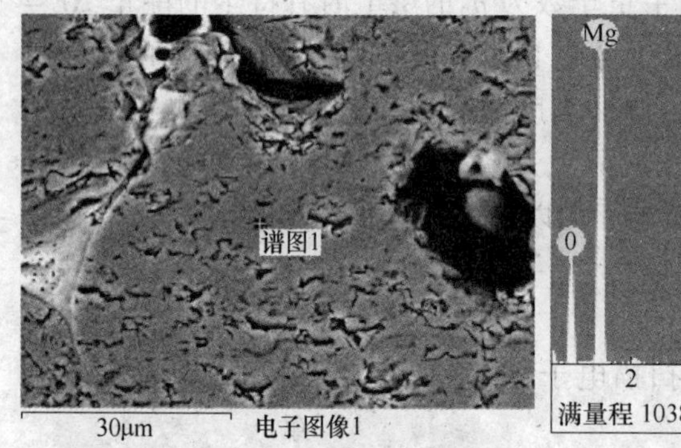

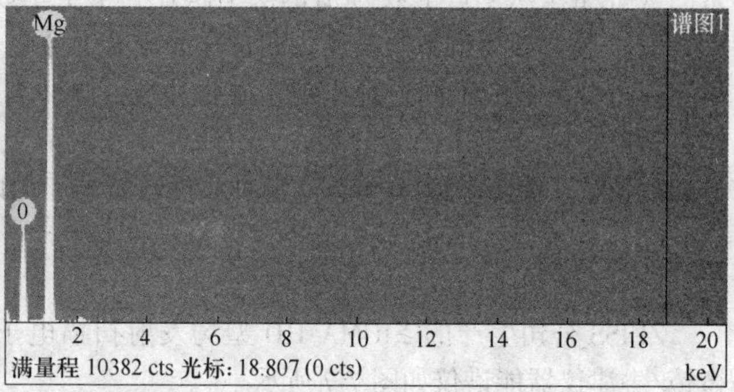

图 7-8　能谱仪点分析照片和谱图

表 7-2　标准样品表

元素	质量分数/%	原子百分比/%	化合物百分比/%	化学式
Mg、K	60.31	50.00	100.00	MgO
O	39.69	50.00		
总量	100.00			

（2）能谱仪线分析应用如图 7-9 所示。

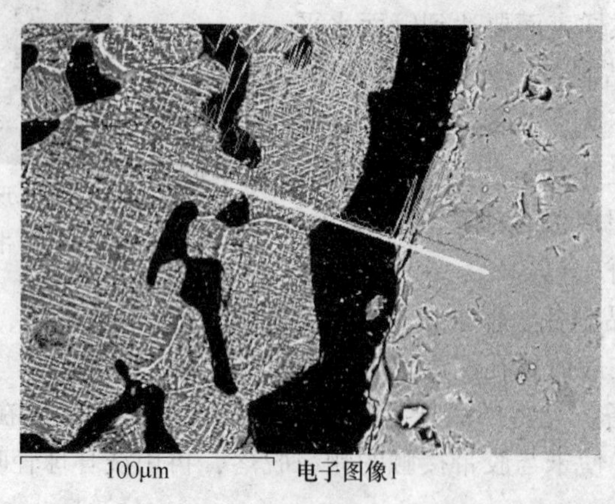

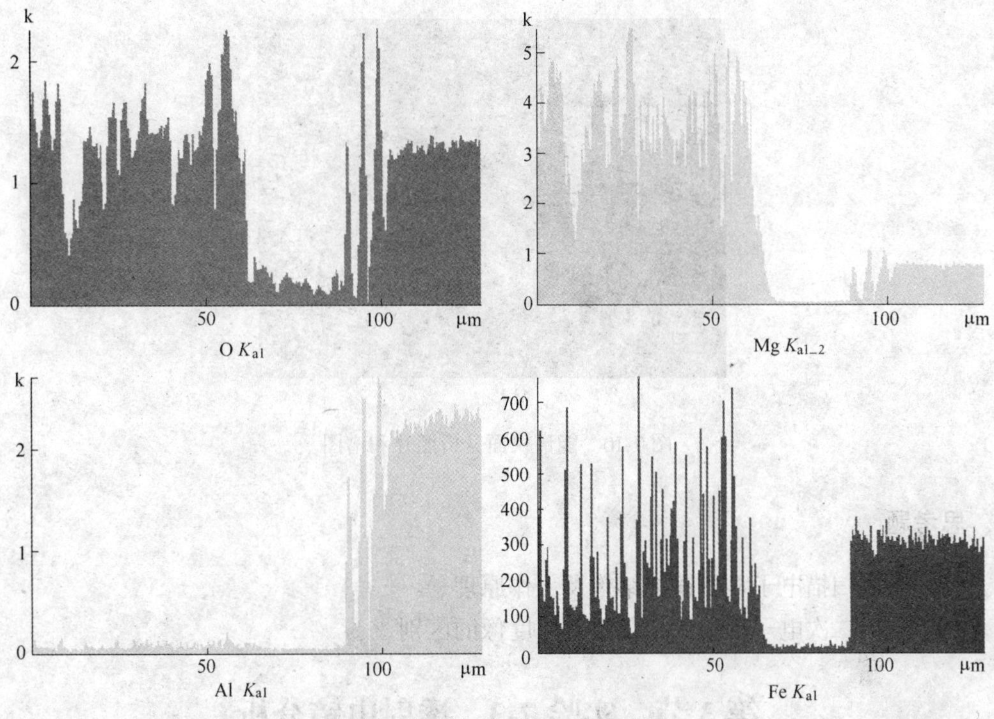

图 7-9　能谱仪线分析照片和谱图

（3）能谱仪面分析应用如图 7-10 所示。

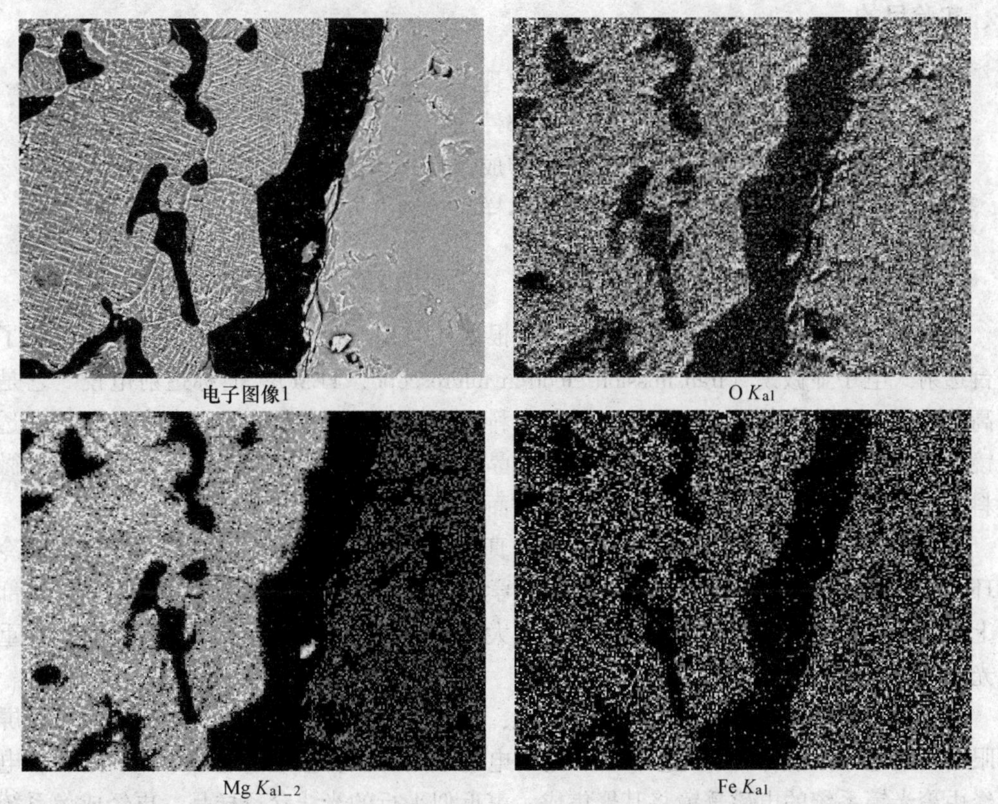

Al $K_{\alpha1}$

图 7-10　能谱仪面分析照片和谱图

七、思考题

（1）简述扫描电子显微镜的结构及工作原理。

（2）分析二次电子形貌像和背散射衬度像的区别。

第 3 节　实验 7-3　透射电镜分析

一、实验目的

（1）了解透射电镜的基本结构和工作原理。

（2）了解透射电镜的基本操作和主要部件的用途。

（3）了解透射电镜的基本工作模式，即成像模式和衍射模式的本质。

（4）了解透射电镜块状样品和纳米粉体样品的制备方法。

二、实验原理

1931~1933 年间，德国学者 Ruska 等人根据几何光学和电子光学的类似性，研制了第一台透射式电子显微镜（transmission electron microscope，TEM），简称透射电镜。它是一种高分辨率、高放大倍数的显微镜，是材料科学研究的重要仪器。在材料科学领域，透射电镜主要可用于材料微区的组织形貌观察，晶体缺陷分析和晶体结构测定，能提供极微细材料的组织结构、晶体结构和化学成分等方面的信息。

透射电子显微镜主要由电子光学系统、真空系统、电源系统（包括高压系统）、冷却循环系统以及附件系统等组成。其中电子光学系统又称镜筒，是透射电镜的主体。这部分从上到下依次又可分为照明系统、成像和放大系统、观察和记录系统。此外还有几个重要的光阑。

与光镜相比电镜用电子束代替了可见光，用电磁透镜代替了光学透镜并使用荧光屏将肉眼不可见电子束成像。因此可以说，透射电镜就是以波长极短的电子束作为光源，电子束经由聚光镜系统的电磁透镜将其聚焦成一束近似平行的光线穿透样品，再经成像系统的电磁透镜成像和放大，然后电子束投射到主镜筒下方的荧光屏上而形成所观察的图像。

三、实验设备

JEM-2100 型透射式电子显微镜如图 7-11 所示，其加速电压为 200kV，点分辨率为 0.235nm，线分辨率为 0.140nm。其基本结构包括以下几部分。

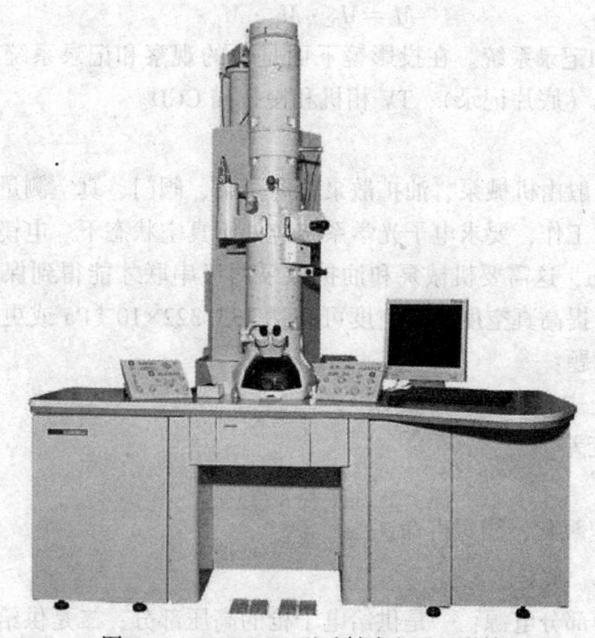

图 7-11　JEM-2100 型透射式电子显微镜

(一) 电子光学系统

(1) 照明系统。照明系统由电子枪和聚光镜组成。其作用是为成像系统提供一个亮度高、尺寸小、高稳定的照明电子束。

电子枪是电镜的照明源，由灯丝阴极、栅极（或称韦氏圆筒）和加速阳极组成。电子枪可分为热阴极电子枪和场发射电子枪。热阴极电子枪的材料主要有钨丝（W）和六硼化镧（LaB_6）；而场发射电子枪又可以分为热场发射和冷场发射。

聚光镜的作用是将来自电子枪的电子汇聚到样品上，通过它来控制照明电子束斑大小、电流密度和孔径角。一般电镜至少采用双聚光镜，对于较新的电镜，很多采用二聚光镜加一个 mini 聚光镜的模式，甚至还有采用三聚光镜加一个 mini 聚光镜的情况。

(2) 成像和放大系统。成像和放大系统主要由物镜、中间镜和投影镜（或 2 个中间镜或 2 个投射镜构成 4~5 个透镜系统）及物镜光阑和选区光阑组成。它主要是将穿过试样的电子束在透镜后成像或成衍射花样，并经过物镜、中间镜和投影镜接力放大。

1) 样品室：室内有样品台，电镜的样品载于载网上，载网放在样品架（或称样品筒）上。

2) 物镜：其作用是形成样品的第一级放大像和通过调节物镜线圈的激励电流，相应地改变物镜的焦距从而对像进行聚焦。物镜是电镜的最关键部分，由它获得第一幅具有一定分辨本领的电子放大像。物镜中任何缺陷都将被成像系统其他透镜进一步放大。因此，电镜的分辨本领主要取决于物镜的分辨本领。

3）中间镜：在电镜操作中，主要是通过中间镜来控制电镜的总放大倍率。

4）投影镜：投影镜的作用是把经中间镜放大像（或电子衍射花样）进一步放大，并投影到荧光屏上。

电子图像的放大倍数为物镜、中间镜和投影镜的放大倍数之乘积，即

$$M = M_0 \cdot M_r \cdot M_p$$

(3) 像的观察和记录系统。在投影镜下面是像的观察和记录系统。观察和记录装置包括荧光屏、照相机（底片记录）、TV 相机和慢扫描 CCD。

（二）真空系统

电镜真空系统一般由机械泵、油扩散泵、离子泵、阀门、真空测量仪和管道等部分组成。为保证电镜正常工作，要求电子光学系统应处于真空状态下。电镜的真空度一般应保持在 133.322×10^{-5}Pa，这需要机械泵和油扩散泵两级串联才能得到保证。目前的透射电镜增加一个离子泵以提高真空度，真空度可高达 133.322×10^{-8}Pa 或更高。如果真空度不够，就会出现下列问题：

(1) 高压加不上去；

(2) 成像衬度变差；

(3) 极间放电；

(4) 使灯丝迅速氧化，缩短寿命。

（三）电源系统

透射电镜需要两部分电源：一是供给电子枪的高压部分；二是供给电磁透镜的低压稳流部分。

电压的稳定性是电镜性能好坏的一个极为重要的标志。加速电压和透镜电流的不稳定将使电子光学系统产生严重像差，从而使分辨本领下降。所以对供电系统的主要要求是产生高稳定的加速电压和各透镜的激磁电流。在所有的透镜中，对物镜激磁电流的稳定度要求也最高。

近代仪器除了上述电源部分外，还有自动操作程序控制系统和数据处理的计算机系统。

（四）冷却循环系统

冷却循环系统保证电镜在正常工作时不会因为镜筒中大功率的发热元件的发热造成过热而发生故障。

（五）能谱

除了上面介绍的各主要系统外，透射电镜一般都配有能谱。它装在样品室的上方，利用从样品上激发出的特征 X 射线来判定样品的成分。

四、实验步骤

(1) 透射电镜的一般操作步骤：抽真空→加电子枪高压→安装样品→加灯丝电流并使电子束对中→图像观察→照相记录→关机。

(2) 演示亮度旋钮、放大倍数旋钮、聚焦旋钮的位置及作用效果。

(3) 透射电镜的基本工作模式：成像模式操作和电子衍射模式操作。如果把中间镜

的物平面和物镜的像平面重合，则在荧光屏上得到一幅放大的电子图像，这就是成像模式操作；如果把中间镜的物平面和物镜的背焦面重台，则在荧光屏上得到一幅电子衍射花样，这就是透射电镜的电子衍射模式操作。在物镜的像平面上有一个选区光阑，通过它可以进行选区电子衍射操作。

（4）透射电镜像衬度的几种形式：

1）质厚衬度，是指由于样品的不同部位的密度和厚度不同（其他都相同），同样强度的电子束打到该样品后，从密度或厚度高的区域透过去的电子束弱于低的区域，于是到达荧光屏上的效果是密度高的区域暗，密度低的区域亮，这就形成了衬度。一般来说，对于第二相和粉体样品的形貌观察利用的即是质厚衬度。

2）衍衬衬度，是指由于样品上不同的部位产生电子衍射的情况不同（其他都相同），同样强度的电子束打到该样品后，从产生强衍射的区域透过去的电子束弱于产生弱衍射的区域。于是到达荧光屏上时，产生强衍射的区域暗，弱衍射的区域亮。利用衍射因素，加上电子衍射花样，可以对材料中的许多内容进行研究，如晶界、位错、层错、孪晶、相界、反相畴界、取向关系等。对于金属薄膜的形貌观察即是主要利用样品的衍衬衬度。

3）相位衬度，是让一束以上的电子通过物镜后焦面进而到达像平面成像的一种模式，又称为高分辨模式。

（5）试样的制备：

1）块状样品的制备。用线切割的方法从实物或大块样品上切割厚度为 0.3～0.5mm 厚的薄片。然后对切割下来的薄片进行预减薄，预减薄的方法有两种，即机械法和化学法。机械法是通过手工研磨来完成的，把切割好的薄片一面用粘接剂黏在样品座表面，然后在水砂纸磨盘上进行研磨减薄。应注意把样品平放，不要用力太大，并使它充分冷却。减薄到一定程度时，用溶剂把粘接剂溶化，使样品从样品座上脱落下来，然后用同样方法研磨另一个面直至样品被减薄至规定的厚度。化学减薄法是把切割好的金属薄片放入配制好的化学试剂中，使它表面受腐蚀而急需减薄。因为合金中各组成相的腐蚀倾向是不同的，所以在进行化学减薄时，应注意减薄液的选择。化学减薄的速度很快，因此操作时必须动作迅速。最终减薄时对于金属材料目前效率最高和操作最简便的方法是双喷电解抛光法，对于不导电的陶瓷材料和脆性材料，最终减薄可采用离子减薄法。

2）粉末样品的制备。用超声波分散器将需要观察的粉末在溶液中分散成悬浮液，用滴管滴几滴在覆盖有碳加强火棉胶支持膜的电镜铜网上。待其干燥后，即成为电镜观察用的粉末样品。

五、思考题

（1）简述透射电镜的基本结构。

（2）简述块状样品的制备过程。

（3）简述透射电镜的三种基本像衬度形式及其适用范围。

第 4 节　实验 7-4　激光粒度分析

粒度分布通常是指某一粒径或某一粒径范围的颗粒在整个粉体中占多大的比例。它可用简单的表格、绘图和函数形式表示颗粒群粒径的分布状态。颗粒的粒度、粒度分布及形状能显著影响粉末以及产品的性质和用途。例如，水泥的凝结时间、强度与其细度有关，陶瓷原料和坯釉料的粒度及粒度分布影响着许多工艺性能和理化性能，磨料的粒度及粒度分布决定其质量等级等。为了掌握生产线的工作情况和产品是否合格，在生产过程中必须按时取样并对产品进行粒度分布的检验，粉碎和分级也需要测量粒度。粒度测定方法有多种，常用的有筛分法、沉降法、激光法、小孔通过法和吸附法等。

一、实验目的

（1）掌握测量激光粒度分布仪的基本原理和分析方法。

（2）学会测量氧化铝微粉的粒度分布，D_{V10}、D_{V50}、D_{V90}。

二、实验原理

由激光器发出的一束激光，经滤波、扩束、准值后变成一束平行光，在该平行光束没有照射到颗粒的情况下，光束穿过富氏（Fourier）透镜后在焦平面上汇聚形成一个很小很亮的光点（焦点）。

当通过某种特定的方式把颗粒均匀地放置到平行光束中时，激光将发生散射现象，一部分光向与光轴成一定的角度向外扩散。理论与实践都证明，大颗粒引发的散射光的散射角小，颗粒越小，散射光的散射角越大。这些不同角度的散射光通过富氏透镜后将在焦平面上将形成一系列的光环，由这些光环组成明暗交替的光斑。光斑中包含着丰富的粒度信息，简单的理解就是半径大的光环对应着较小粒径的颗粒，半径小的光环对应着较大粒径的颗粒；不同半径上光环的光能大小包含该粒径颗粒的含量信息。这样我们就在焦平面上安装一系列光的电接收器，将这些由不同粒径颗粒散射的光信号转换成电信号，在这些电信号中包含有颗粒粒径大小及其分布信息。电信号经放大和模数转换后一起送入计算机，计算机根据测得的各个环上的衍射光能值按预先编号的计算程序可以很快地解出被测颗粒的平均粒径及尺寸分布。

三、实验设备及材料

（1）实验设备：BT-9300 激光粒度分布仪，如图 7-12 所示，其是集光、机、电、计算机为一体的高科技产品，对系统的粒度分布进行有效分析；此外，还有 JY92-20 超声波细胞粉碎机。

（2）实验材料：氧化铝微粉、六偏磷酸钠溶液或三聚磷酸钠溶液、去离子水、烧杯等。

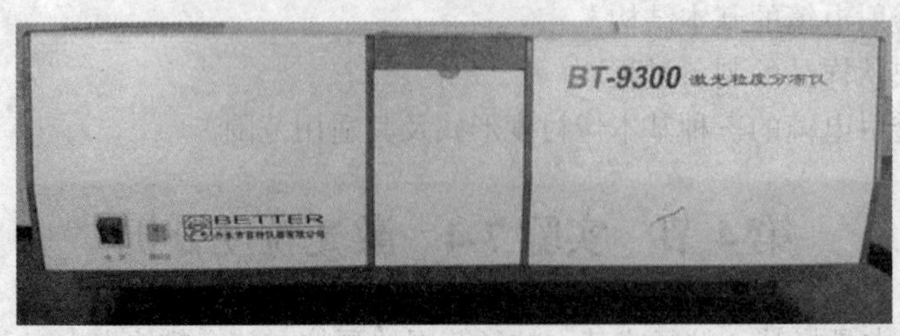

图 7-12　BT-9300 激光粒度分布仪

四、实验步骤

（1）开机。开启附件开关、主机开关及计算机操作软件。

（2）制样。称取少量氧化铝微粉，加入几滴分散剂，调成糊状，加适量水，放入超声波中超声粉碎 2~3min，时间长短以完全分散为好，调整好试样浓度。

（3）测量。将分散好的试样放入样品池中，关好上盖，选择“手动测量”，系统进行光学背景、对光测量。选择“选项”，填写试样名称等相关参数。选择“开始”，进行粒度分布测试。测试结束后，选择“关闭”退出测试。关闭主机和计算机系统。

五、思考题

（1）粒度分布对生产和科研实践有何指导意义？

（2）根据粒度分布曲线如何分析粉体粒度的分布？

（3）何为累积粒度分布，粒度分布曲线中 D_{V10}、D_{V50}、D_{V90} 分别代表什么？

第 5 节 实验 7-5 Zeta 电位分析

一、实验目的

（1）了解固体颗粒表面带电的原因，以及表面电位大小与颗粒分散特性、胶体物质稳定性之间的关系。

（2）掌握用 Zeta 电位分析仪测定氧化铝微粉 Zeta 电位的操作方法。

（3）测定氧化铝微粉在不同 pH 值下的 Zeta 电位和 pH-Zeta 曲线。

二、实验原理

带电胶体的表面会吸附溶液中电性相反的离子，这种吸附和排斥会达到一种平衡，有些离子会固定吸附在颗粒表面并随颗粒一起运动，其他的离子在电场中按相反的方向运动，称这种电荷的排列为双电层，其电位差为 ζ 电位。ζ 电位决定了以下特性：絮凝特性、流动特性、沉降特性、沉淀后的再分散性、过滤特性、产品的储藏特性。测定 Zeta（ζ）电位的方法有许多，例如电泳法、电渗透法、电声法，下面主要介绍电泳法。

电泳原理是胶体体系在封闭的电泳管中，在直流电场作用下，分散相向相反极性方向移动的电动现象。产生电泳现象是因为悬浮胶粒与液相接触时，胶体表面形成扩散双电层，在双电层的滑动面上产生电动电位（ζ 电位）。由于电动电位与电泳现象相关，所以，通过电泳速度的测定，再经过数据处理，就可确定 ζ 电位。

电泳槽是测定电泳速度的关键，电泳速度是在密封的石英毛细管内测定的。当对管内胶体体系施加直流电场时，同时产生两种电动现象，其中胶粒对溶液的相对运动称为电泳，溶液对毛细管壁的相对运动称为电渗。当带负电荷的胶粒向正极方向迁移时，溶液沿毛细管壁向负极方向移动，到毛细管端面处汇合到中心正极方向移动，形成液体回流。所以，在近管壁处的胶粒电泳方向与液体电渗方向相反，电泳速度缓慢；毛细管中心胶粒的电泳方向与液体的电渗方向一致，电泳速度加快。在液体流动转移过程中，某液层处于相对不流动的环层，此处电渗速度为零，在这一环层上测定的速度就是电泳速度，此环层称为“静止层”。

三、实验设备和材料

（1）实验设备：ZetaPlus 电位分析仪，如图 7-13 所示，主要用来测定固体以及颗粒在高浓度悬浮液中的 Zeta 电位。

（2）实验材料：电子天平、氧化铝微粉、氢氧化钠溶液（0.5mol/L）、HCl（0.5mol/L）、去离子水和烧杯等。

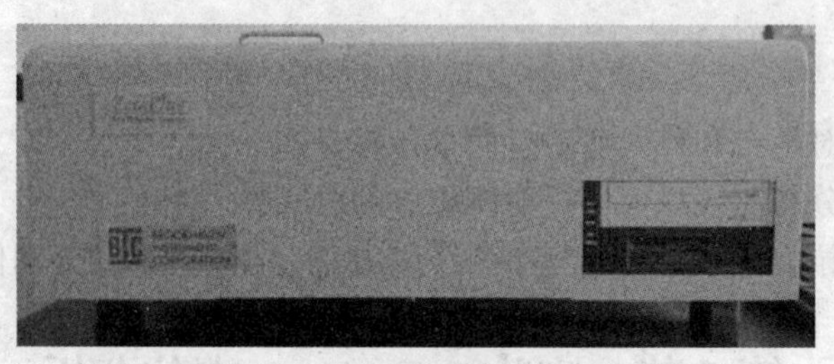

图 7-13　ZetaPlus 电位分析仪

四、实验步骤

（1）开机。仪器预热 1h 后，校准 pH 值（pH = 4.0、pH = 6.88、pH = 9.18 三个点），校准电导率及 ESA 电极。

（2）制样。称取 15g 氧化铝微粉，加水 285g 配制成 5%的悬浮液，将悬浮液放入超声波中超声 2~3min 后备用。

（3）测量。将分散好的一定体积的样品，倒入容器内，调整好搅拌器速度，放下 ESA 电极。打开系统程度，选择“参数”，填写样品相关参数。调整好需要加入的酸（或碱）的浓度。选择“开始”，进行酸（或碱）的滴定。测量结束后，系统会自动保存数据。

（4）关机。实验结束后，对电极、容器进行清洗，容器内放入去离子水搅拌 2~3min 为一次，需要清洗三次，然后关闭系统。

五、思考题

测定 Zeta 电位有何意义？如何对其进行控制？

第 6 节　实验 7-6　X 射线衍射分析

一、实验目的

（1）了解 X 射线衍射仪的基本构造和工作原理。

（2）掌握 X 射线衍射仪的操作方法。

（3）掌握物相定性分析的方法，练习使用计算机检索 PDF 卡片及对多相物质进行物相分析。

二、实验原理

1912 年德国物理学劳埃（M. von Laue）及其合作者发现，如果一束 X 射线穿过晶体，将会产生衍射并在衍射光路的一定角度上显示出图像，即为劳埃衍射图样，这一方法后来发展成为了 X 射线衍射学或 X 射线晶体学。之后英国物理学家布拉格父子（W. H. Bragg & W. L. Bragg）提出了晶面反射 X 射线的概念，并推导出简单而实用的布拉格方程式（7-1）。进而发明了测定晶格常数（晶面间距）d 的方法，如图 7-14 所示，这一方法也可以用来测定 X 射线的波长 λ 。在用 X 射线分析晶体结构方面，布拉格父子作出了杰出贡献，因而共同获得 1915 年诺贝尔物理学奖。

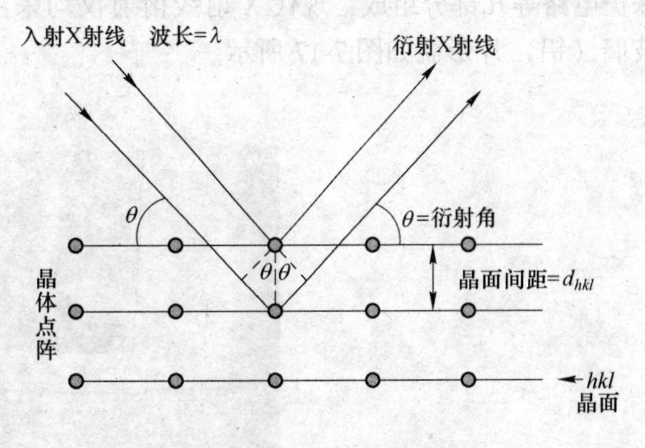

图 7-14　布拉格方程原理图

布拉格方程的一般表达式为：

$$2d_{hkl}\sin\theta_n = n\lambda \tag{7-1}$$

式中　d_{hkl}——晶面间距；

θ_n——布拉格角；

n——衍射级数，取 1，2，3，…，整数；

λ——入射 X 射线波长。

布拉格方程指出，用波长为 λ 的 X 射线射向晶体表面时，当在某些角度的光程差正好为波长 λ 的整数倍时，会发生干涉加强。

将试样放入衍射仪内，通过 X 射线源和计数器可以获得衍射图谱，用计数率 CPS（Counts Per Second）作纵坐标，2θ 作横坐标，画出记录到的光量子数与角度的关系曲线，就可以得到衍射波谱图。

基本过程是：X 射线从光管射出，经狭缝照射到多晶试样上，与试样发生物理反应，携带试样微观信息的反射线沿着布拉格方程规定的方向到达探测器，被探测器接受并且被记录器记录下来，以供分析。

从光管发出的 X 射线是一个连续谱（即 X 射线的波长不是单一的），要得到波长单一的 X 射线，必须借助于滤波片或单色器。衍射线被探测器接收，产生电子脉冲，经放大后被计算机记录并在屏幕上显示出衍射图，再经计算机处理后进行寻峰、计算峰积分强度或宽度、扣除背底等处理，并在屏幕上显示所需图形或数据输出。控制衍射仪的专用微机通过带编码器的步进电机控制测角仪进行连续扫描、阶梯扫描、连动或分别动作等。目前的衍射仪已具有采集衍射资料、处理图形数据、查找管理文件以及自动进行物相定向分析等功能。物相定性分析是 X 射线衍射分析中最常用、最基本的一项测试。

仪器按所给定的条件进行数据采集，接着进行寻峰处理并自动启动程序。当检索开始时，操作者根据已知的信息从数据库（约 15 万张 PDF 卡片）里进行检索。此后，系统将进行自动检索匹配，并将检索结果打印输出。

三、实验设备

X Pert Powder 型 X 射线衍射仪如图 7-15 所示，其基本结构如图 7-16 所示。X 射线衍射仪的基本结构由 X 射线管、高压发生器、测角仪、检测器、管压管流稳定电路和各种保护电路等几部分组成，现代 X 射线衍射仪均采用计算机进行自动程序控制。装试样的玻璃（铝）片形貌如图 7-17 所示。

图 7-15　X Pert Powder 型 X 射线衍射仪

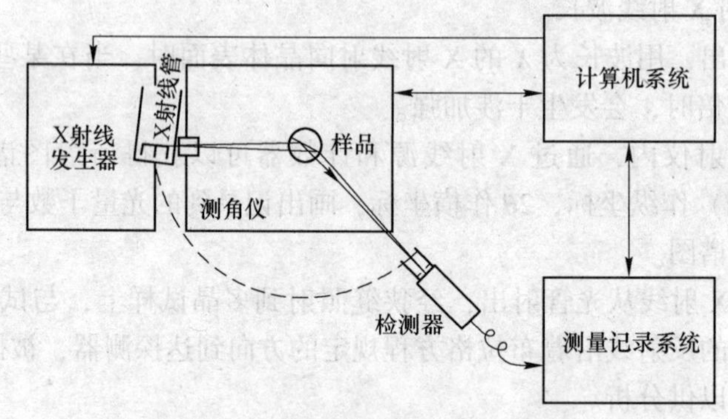

图 7-16　X 射线衍射仪结构示意图

四、实验步骤

（一）制作试样

取洁净粉末试样玻璃（铝）片（简记为 S）一块、高纯度氧化铝粉少许、牛角勺一只、按压用玻璃片（简记为 A）一块、16 开白纸一张。

将白纸平铺在实验桌上，S 放在白纸上。将氧化铝粉细心均布到 S 的凹槽内，用 A 匀力按压氧化铝粉，压紧的程度应使 S 立起时氧化铝粉不会掉落下来，且氧化铝粉的平面与玻璃（铝）片面在同一平面。

（二）开机

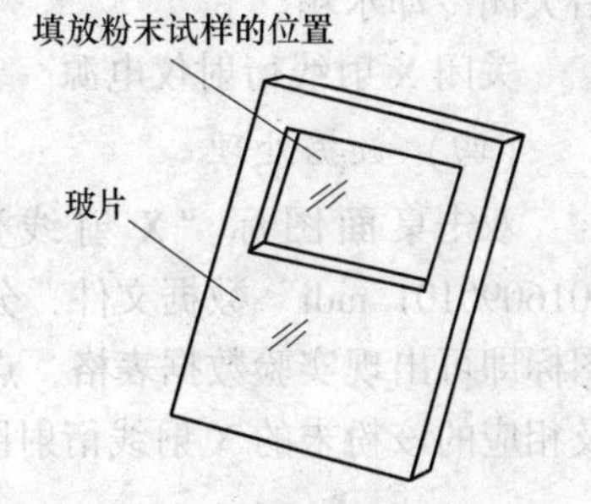

图 7-17　装试样的玻璃（铝）片

打开冷却水箱开关。

打开 X 射线衍射仪面板下方柜门，将电源开关向上扳，衍射仪即可打开。

检查前面板上的“Water”指示灯（绿色）是否亮了——亮则表示冷却循环水泵工作正常。

打开铅玻璃防护门及试样井盖，将制作好的试样，匀力细心地插入试样台与试样夹之间，应小心避免因动作大而使氧化铝粉掉下。

盖上试样井盖，关上铅玻璃防护门。

关上机房玻璃梭门。

注意，机房内的 X 射线辐射量经过检测是安全的。但是，当仪器上的红灯亮起后，非必要时应避免进入机房。如果室内温度高于 25℃，应将空调打开制冷。

（三）开启控制计算机

打开微机，进入 Windows XP 桌面，双击图标“X 射线衍射仪操作系统”，单击“数据采集”。这时，参数设定表会显示出来。

其中，只需设定：

起始角度：10°；

停止角度：90°；

扫描速度：0.16；

满量程：6000；

滤波片：镍；

文件名称：实验日期+序号。如 2016090101（实验日期 20160901+序号 01）；

样品名称：氧化铝。

其余参数与仪器状态相关，已设定好，不要改变。

若参数设定表右上方显示“1810 自控单元未准备好”时，注意观察仪器计数臂是否已转到始点（前面板示窗显示“2T 4.135”）。当转到始点后，再点击菜单栏上的“与 1810 自控单元联机”，即会显示“1810 自控单元已准备好”。

当电脑显示器右上方显示“1810 自控单元已准备好”时，就可以点击菜单栏上的“开始数据采集”。这时，kV 表、mA 表指针开始上升，到位后光闸自动打开，这时 X 射线射向试样，测试及计数便自动开始了，并直至测试工作完成。

注意，在测试中途不要点击“停止采集”（有时会造成死机）。因疏忽造成的参数设置不当，如纵坐标设置过小，也应待测试完成后再处理。一般情况下，坐标图谱显示只是示意的，并不影响数据采集的真实值。

测试完成后点击“保存数据文件”，存入“E：\ XRD 数据采集 \ 实验课”文件夹，文件类型是“所有文件”或“数据文件”。

点击“退出”，待 kV、mA 值退为 0 后，才可以取样品。

再点击“退出”，“返回”，关闭“X 射线衍射仪操作系统”。

待冷却循环泵继续工作 20min（若冷却水箱制冷系统已工作，则应等制冷系统停机）

后关闭冷却水箱。

关闭 X 射线衍射仪电源。

(四) 数据处理

双击桌面图标“X 射线数据处理”，点击“E: \ XRD 数据采集 \ 实验课 \ 2016090101. mdi”数据文件，分别点击“K_α剥离”图标、“寻峰”图标以及“峰值表”图标即可出现实验数据表格，点击“E”图标即可将这些数据导入 Excel 表格（见表 7-3）及相应的该粉末的 X 射线衍射图谱，如图 7-18 所示。

表 7-3 氧化铝的峰值表

序号	峰位	*d* 值	峰高	半高宽	面积	积分强度	积分宽度	相对强度
1	25. 680	3. 469	665	0. 339	225	235	0. 353	58
2	35. 280	2. 544	1037	0. 344	357	376	0. 363	90
3	37. 840	2. 377	391	0. 343	134	126	0. 322	34
4	43. 600	2. 076	835	0. 473	395	402	0. 481	73
5	52. 560	1. 741	405	0. 418	169	180	0. 444	35
6	57. 680	1. 598	1148	0. 343	394	409	0. 356	100
7	59. 920	1. 544	41	0. 086	4	0	0. 000	4
8	61. 520	1. 507	94	0. 581	55	41	0. 437	8
9	66. 640	1. 403	334	0. 365	122	130	0. 390	29
10	68. 240	1. 374	414	0. 466	193	206	0. 498	36
11	77. 200	1. 236	138	0. 723	100	104	0. 754	12
12	80. 720	1. 190	53	0. 534	28	0	0. 000	5
13	89. 040	1. 099	76	0. 369	28	31	0. 407	7

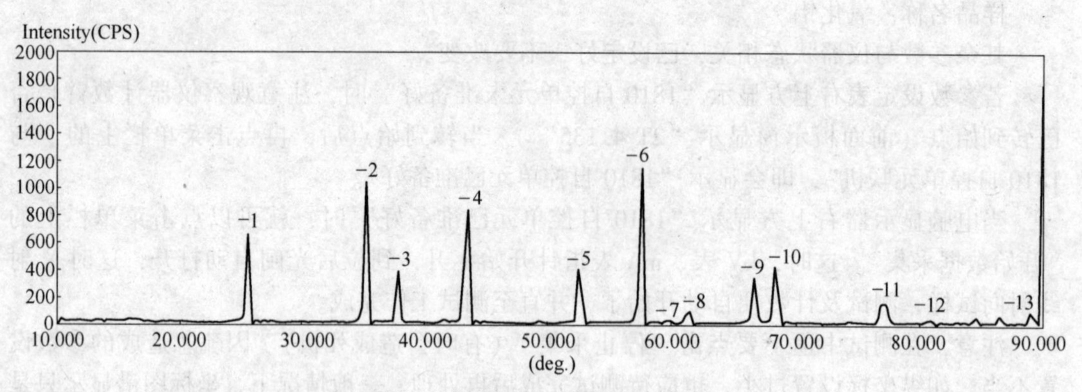

图 7-18 氧化铝的 X 射线衍射图谱

五、物相定性分析

(一) X 射线衍射图谱

将少量的某种材料的粉末（或一小块平板）制成试样，在多晶 X 射线衍射仪上进行测试，得到 X 射线衍射图谱，如图 7-18 所示。从该图谱中我们可以得到如下信息：

（1）根据各衍射峰出现的位置（即 2θ 值），用布拉格公式可以算出其晶面间距 d，见表 7-3。

（2）将最高的衍射峰的高度（或称射线强度 I_1）定为 100%，就可以定出其余衍射峰的相对强度 I/I_1，见表 7-3。

（3）根据不同的实验目的还可以测定衍射峰的积分强度、衍射峰的半高宽等，见表 7-3。

对这些信息研究比对发现：各种物质的 X 射线衍射图谱就如同人的手纹一样，各不相同。这是因为任何一种晶体物质都有其确定的点阵类型和晶胞尺寸，晶胞中各原子的性质和空间位置也是各不相同的，因而各自对应特定的衍射花样，即使该物质混于其他物质也不会改变。据此，科学家们想到：可以把现在已经知道的各种物质的 X 射线衍射图谱收集整理制成卡片，供人们在研究某种材料时比对使用，就如同公安部门的手纹数据库一样。这样就得到了一种新的晶相分析方法——X 射线衍射的多晶体相分析法。根据检测对象的不同，还有单晶 X 射线衍射分析法。

（二）PDF 卡片

物相定性分析的基本方法是将未知物相的衍射花样与已知物质的衍射花样对照。1942 年美国材料试验协会（ASTM，The American Society for Testing Materials）整理出版了最早的一套晶体物质衍射数据标准卡，共计 1300 张，称之为 ASTM 卡。1969 年由美国材料试验协会与英国、法国、加拿大等国家的有关组织联合组建了粉末衍射标准联合委员会（The Joint Committee on Powder Diffraction Standards），简称 JCPDS 国际组织，专门负责收集、校订各种物质的衍射数据，并将这些数据统一分类和编号，编制成卡片出版。这些卡片即被称为 PDF（The Powder Diffraction File）卡片，一般又称 JCPDS 卡片，也有人按过去习惯称为 ASTM 卡片。这些 PDF 卡片已有几万张之多，而且为了便于查找，还出版了集中检索手册。

标准的粉末衍射卡片上分为 10 个区域，PDF 卡片的分区如图 7-19 所示。

10

d	1a	1b	1c	1d	7			8		
I/I_1	2a	2b	2c	2d						
Rad.　λ　Filter. Dia.　Cut off.　Coll. I/I_1　dcorr.abs? 3 Ref.					dÅ	I/I_1	hkl	dÅ	I/I_1	hkl
sys.　S.G. a_0　b_0　c_0　A　C α　β　γ　4　Z Ref.							9			
$\varepsilon\alpha$　$n\omega\beta$　$\varepsilon\gamma$　Sign 2V　D　mp　color Ref.　5										
6										

图 7-19　PDF 粉末衍射卡片分区示意图

10 个区的内容分别为：

（1）1区。1a、1b、1c区域是从衍射图的透射区（$2\theta<90°$）中选出的三条最强线的面间距，1d为衍射图中出现的最大面间距。

（2）2区。2a、2b、2c、2d区间中所列的是上述四条衍射线的相对强度，以最强线为100。当最强线的强度比其余线条的强度高得多时，也有将最强线的强度定为大于100的。

（3）3区。列出获得衍射图谱的实验条件，其中：

Rad.：后面注明的是所用X射线的种类，如Cu $K_{\alpha1}$，表示试验用的X射线是Cu靶的$K_{\alpha1}$特征谱线。

λ：所用X射线的波长，单位是Å。

Filter：滤波片材料的名称。

Dia.：照相机直径。

Cut off.：该方法所能得到的最大晶面间距。

Coll.：狭缝的宽度或光栏的直径。

I/I_1：测量衍射线相对强度的方法，主要有衍射仪法和照相法，或是理论计算值。

dcorr abs?：指测得的晶面间距d值是否经过吸收校正，Yes表示已作校正，No表示未校正。

Ref.：注明上面所列数据的来源文献。

（4）4区。物质的晶体学数据，其中：

Sys.：所属晶系，即布拉菲点阵的类型。各首字母代表的点阵如下：

C—简单立方；　B—体心立方；　F—面心立方；

T—简单四方；　U—体心四方；　R—简单菱形；

H—简单六方；　O—简单斜方；　P—体心斜方；

S—面心斜方；　M—简单单斜；　N—底心单斜；

Z—简单三斜。

S. G.：空间群，按熊夫利系统（Schoenflies System）与国际系统（Geneva System）标注。

a_0、b_0、c_0：晶格参数。其后的$A=a_0/b_0$（晶轴比），$C=c_0/b_0$。

α、β、γ：晶轴间夹角。

Z：单位晶胞中化学式单位的数目。对于元素，指单位晶胞中的原子数；对于化合物，则表示单位晶胞中的“分子”数。

Ref.：注明第4区域中所列数据的来源文献。

（5）5区。物质的光学性质及物理性质数据。

$\varepsilon\alpha$、$n\omega\beta$、$\varepsilon\gamma$：折射率。

Sign：光学性质的正（+）或负（-）。

$2V$：光轴间夹角。

D：密度。

mp：熔点。

color：颜色。

Ref.：注明第5区域中所列数据的来源文献。

（6）6区。有关物质的其他资料和数据，如试样来源、制备方式及化学分析数据。有时也注明物质的升华点（S. P）、分解温度（D. T）、转变点（T. P）和热处理情况等，资料的获取、卡片的更正等进一步说明均列入本栏。

（7）7区。该物质的化学式和英文名称。

（8）8区。该物质的矿物学名称或通用名称。

（9）9区。各条衍射线所对应的晶面间距、相对强度及衍射指数。

hkl：密勒（晶面）指数。

（10）10区。卡片的编号。

实际的卡片内容和形式如图7-20所示。

22–1012

<table>
<tr><td>d/Å</td><td>2.54</td><td>2.98</td><td>1.49</td><td>4.87</td><td></td><td colspan="6" rowspan="2">$ZnFe_2O_4$ 1
Zinc Iron Oxide Franklinite</td></tr>
<tr><td>I/Ia</td><td>100</td><td>35</td><td>35</td><td>7</td><td></td></tr>
<tr><td colspan="6" rowspan="6">Rad. Cu $K_{\alpha 1}$ λ L54056 Filter Mono.Dia.
Cut off I/I_1 Diffractometer
I/I_{Ca}=3.8
Ref. National Burcau of Standards，Mono，25，Sec，9，60
(1971)</td><td>d/Å</td><td>I/Ia</td><td>hkl</td><td>d/Å</td><td>I/Ia</td><td>hkl</td></tr>
<tr><td>4.873</td><td>7</td><td>111</td><td>0.9684</td><td>2</td><td>662</td></tr>
<tr><td>2.984</td><td>35</td><td>220</td><td>0.9439</td><td>2</td><td>840</td></tr>
<tr><td>2.543</td><td>100</td><td>311</td><td>0.8999</td><td>1</td><td>664</td></tr>
<tr><td>2.436</td><td>6</td><td>222</td><td>0.8848</td><td>5</td><td>931</td></tr>
<tr><td>2.109</td><td>17</td><td>400</td><td>0.8616</td><td>8</td><td>844</td></tr>
<tr><td colspan="6" rowspan="6">Sys. Cubie S.G.Fd3m(227)
$a_0$8.4411$b_0$$c_0$A C
αβγzSD，5.324
Ref.Ibid.</td><td>1.937</td><td>＜1</td><td>331</td><td>0.8277</td><td>4</td><td>1020</td></tr>
<tr><td>1.723</td><td>12</td><td>422</td><td>0.8159</td><td>6</td><td>951</td></tr>
<tr><td>1.624</td><td>30</td><td>511</td><td>0.8122</td><td>2</td><td>1022</td></tr>
<tr><td>1.491</td><td>35</td><td>440</td><td></td><td></td><td></td></tr>
<tr><td>1.4270</td><td>1</td><td>531</td><td></td><td></td><td></td></tr>
<tr><td>1.3348</td><td>4</td><td>620</td><td></td><td></td><td></td></tr>
<tr><td colspan="6" rowspan="3">∈anωβ＞2.00∈γ sign
2V D mp Color Medium brown
Ref.Ibid.</td><td>1.2872</td><td>9</td><td>533</td><td></td><td></td><td></td></tr>
<tr><td>1.2721</td><td>4</td><td>622</td><td></td><td></td><td></td></tr>
<tr><td>1.2184</td><td>2</td><td>444</td><td></td><td></td><td></td></tr>
<tr><td colspan="6" rowspan="6">Pattern at 25℃，Internal Standard：Ag
The sample was prepared by coprecip-atation of the hy droxides，followed by heating at 600℃ for 17 hours Spi nel type.</td><td>1.1820</td><td>1</td><td>711</td><td></td><td></td><td></td></tr>
<tr><td>1.1280</td><td>5</td><td>642</td><td></td><td></td><td></td></tr>
<tr><td>1.0990</td><td>11</td><td>731</td><td></td><td></td><td></td></tr>
<tr><td>1.0553</td><td>4</td><td>800</td><td></td><td></td><td></td></tr>
<tr><td>0.9949</td><td>2</td><td>822</td><td></td><td></td><td></td></tr>
<tr><td>0.9747</td><td>6</td><td>751</td><td></td><td></td><td></td></tr>
</table>

图7-20 $ZnFe_2O_4$的粉末PDF卡片

（三）用PDF卡片进行物相定性分析

（1）已知物相，或估计试样中存在某种物相，查找某物相的PDF卡，按字母索引检索PDF卡片。

（2）将实验数据表中的峰强最强的三强线对应的d值与PDF卡片的三强线对应的d值进行比对，d值误差不超过0.02即可。如果对应不上，改变三强线的顺序，继续查找，或修正d值误差再查找。

（3）将衍射数据与PDF卡片仔细对照。将衍射数据表中其余的小峰与PDF卡片仔细对照，全部符合，可以确定一个物相。

（4）如果检索到第一个物相后，衍射数据中还有剩余的数据没有用上，说明试样中还存在其他的物相，需要将剩余d-I表中的I值重新归一化，继续检索，直到全部衍射线都查找完毕。

六、注意事项

（1）本实验用到X射线，尽管有安全防护，辐射量也已经检测不超标。但是，做实验时，仍应注意安全，注意实验过程中的提示信号。如仪器上的红灯亮并闪烁时，表明X射线管已进入工作状态，正在产生X射线。这时，绝对不可打开试样井盖，手伸入井中取试样。

（2）X射线实验十分灵敏。制作试样时，应尽可能洁净：试样玻片、牛角勺等要洁净；氧化铝粉中不要混入其他物质，以免影响实验结果。

（3）实验结束后，清洗试样玻片，清扫、整理实验室用具，登记“仪器设备使用及维修情况记录本”。

七、思考题

（1）什么是X射线的波粒二象性？

（2）什么是连续X射线和特征X射线谱？

（3）什么是X射线与物质的相互作用而产生的散射？

（4）阳极靶的选择原则是什么？

（5）粉末法X衍射对样品有什么要求？

（6）在X射线衍射中，为什么常利用K_{α}谱线作辐射源？

（7）当X射线靶材选用Cu靶时，滤波片为什么需选用镍滤波片？

（8）某耐火材料厂欲采购一批金属硅原料，有两家供应商分别提供了两种样品，价格相差较大，通过常规的化学分析手段化验结果均为大于98%的合格产品，有人说价格低的那个里面掺假了，请设计出一个简便的检测方法。

第7节　实验7-7　比表面积及孔径分析

一、实验目的

（1）了解对粉体材料比表面积和孔径进行分析的意义。

（2）掌握粉体比表面积和孔径大小的分析方法。

二、实验原理

（一）比表面积介绍

比表面积定义为单位质量物质的总表面积，国际单位是m^2/g，主要是用来表征粉体材料颗粒外表面大小的物理性能参数。实践和研究表明，比表面积大小与材料其他的许多性能密切相关，如吸附性能、催化性能、表面活性、储能容量及稳定性等，因此测定粉体材料比表面积大小具有非常重要的应用和研究价值。材料比表面积的大小主要取决于颗粒粒度，粒度越小比表面积越大；同时颗粒的表面结构特征及形貌特性对比表面积大小有着显著的影响，因此通过对比表面积大小的测定，可以对颗粒以上特性进行参考分析。

研究表明，纳米材料的许多奇异特性与其颗粒变小、比表面积急剧增大密切相关，随着近年来纳米技术的不断进步，比表面积性能测定越来越普及，已经被列入许多的国际和国内测试标准中。

（二）比表面积气体吸附法

比表面积测试方法有多种，其中气体吸附法因其测试原理的科学性、测试过程的可靠性、测试结果的一致性，在国内外各行各业中被广泛采用，并逐渐取代了其他测试方法，成为公认的最权威测试方法。许多国际标准组织都已将气体吸附法列为比表面积测试标准，如美国 ASTM D3037—1993，国际 ISO 标准组织的 ISO 9277—2010。我国比表面积测试有许多行业标准，其中最具代表性的是《气体吸附 BET 法测定固体物质比表面积》(GB/T 19587—2004)。

气体吸附法测定比表面积原理，是依据气体在固体表面的吸附特性，在一定的压力下，被测样品颗粒（吸附剂）表面在超低温下对气体分子（吸附质）具有可逆物理吸附作用，并对应一定压力存在确定的平衡吸附量。通过测定出该平衡吸附量，利用理论模型来等效求出被测样品的比表面积。由于实际颗粒外表面的不规则性，严格来讲，该方法测定的是吸附质分子所能到达的颗粒外表面和内部通孔总表面积之和。

氮气因其易获得性和良好的可逆吸附特性，成为最常用的吸附质。通过这种方法测定的比表面积称为“等效”比表面积，所谓“等效”的概念是指样品的表面积是通过其表面密排包覆（吸附）的氮气分子数量和分子最大横截面积来表征。实际测定出氮气分子在样品表面平衡饱和吸附量（V），通过不同理论模型计算出单层饱和吸附量（V_m），进而得出分子个数，采用表面密排六方模型计算出氮气分子等效最大横截面积（A_m），即可求出被测样品的比表面积。准确测定样品表面单层饱和吸附量 V_m 是比表面积测定的关键。

（三）比表面积测试方法及原理

比表面积测试方法有两种分类标准。一种是根据测定样品吸附气体量的不同，可分为连续流动法、容量法及重量法，重量法现在基本上很少采用；另一种是根据计算比表面积理论方法不同，可分为直接对比法、Langmuir 法和 BET 法等。同时这两种分类标准又有着一定的联系，直接对比法只能采用连续流动法来测定吸附气体量，而 BET 法既可以采用连续流动法，也可以采用容量法来测定吸附气体量。

(1) 连续流动法。连续流动法是相对于静态法而言，整个测试过程是在常压下进行，吸附剂是在处于连续流动的状态下被吸附。连续流动法在气相色谱原理的基础上发展而来，即由热导检测器来测定样品吸附气体量。连续动态氮吸附是以氮气为吸附气，以氦气或氢气为载气，两种气体按一定比例混合，使氮气达到指定的相对压力，流经样品颗粒表面。当样品管置于液氮环境下时，粉体材料对混合气中的氮气发生物理吸附，而载气不会被吸附，造成混合气体成分比例变化，从而导致热导系数变化，这时就能从热导检测器中检测到信号电压，即出现吸附峰。吸附饱和后使样品重新回到室温，被吸附的氮气就会脱附出来，形成与吸附峰相反的脱附峰。吸附峰或脱附峰的面积大小正比于样品表面吸附的氮气量，可通过定量气体来标定峰面积所代表的氮气量。通过测定一系列氮气分压 P/P_0 下样品吸附氮气量，可绘制出氮气等温吸附或脱附曲线，进而求出比表面积。通常利用脱附峰来计算比表面积。

连续流动法的特点是测试过程操作简单，消除系统误差能力强，同时可采用直接对比法和 BET 方法进行比表面积理论计算。

(2) 容量法。容量法中，测定样品吸附气体量是利用气态方程来计算。在预抽真空的密闭系统中导入一定量的吸附气体，通过测定样品吸脱附导致的密闭系统中气体压力变化，利用气态方程 $P \cdot V/T=nR$ 换算出被吸附气体物质的量的变化。

(3) 直接对比法。直接对比法是利用连续流动法来测定吸附气体量，测定过程中需要选用标准样品（经严格标定比表面积的稳定物质），并联到与被测样品完全相同的测试气路中，通过与被测样品同时进行吸附，分别进行脱附，测定出各自的脱附峰。在相同的吸附和脱附条件下，被测样品和标准样品的比表面积正比于其峰面积的大小。

优点：无需实际标定吸附氮气量体积和进行复杂的理论计算即可求得比表面积；测试操作简单，测试速度快，效率高。

缺点：当标样和被测样品的表面吸附特性相差很大时，如吸附层数不同，测试结果误差会较大。

直接对比法仅适用于与标准样品吸附特性相接近的样品测量，由于 BET 法具有更可靠的理论依据，目前国内外更普遍认可 BET 比表面积测定法。

(4) BET 比表面积测定法。BET 理论计算建立在 Brunauer、Emmett 和 Teller 三人从经典统计理论推导出的多分子层吸附公式基础上，可以看出，BET 方程建立了单层饱和吸附量 V_m 与多层吸附量 V 之间的数量关系，为比表面积测定提供了很好的理论基础。

BET 方程是建立在多层吸附的理论基础之上，与许多物质的实际吸附过程更接近，因此测试结果可靠性更高。实际测试过程中，通常实测 3~5 组被测样品在不同气体分压下多层吸附量 V，以 P/P_0 为 X 轴，V 为 Y 轴，由 BET 方程作图进行线性拟合，得到直线的斜率和截距，从而求得 V_m 值，计算出被测样品比表面积。理论和实践表明，当 P/P_0 取点在 0.05~0.35 范围内时，BET 方程与实际吸附过程相吻合，图形线性也很好，因此实际测试过程中选点需在此范围内。由于选取了 3~5 组 P/P_0 进行测定，所以通常称之为多点 BET。当被测样品的吸附能力很强，即 C 值很大时，直线的截距接近于零，可近似认为直线通过原点，此时可只测定一组 P/P_0 数据与原点相连求出比表面积，称之为单点 BET。与多点 BET 相比，单点 BET 结果误差会大一些。

若采用流动法来进行 BET 测定，测量系统需具备能精确调节气体分压 P/P_0 的装置，以实现不同 P/P_0 下吸附量测定。对于每一点 P/P_0 下 BET 吸脱附过程与直接对比法类似，不同的是 BET 法需标定样品实际吸附气体量的体积，而直接对比法则不需要。

特点：BET 理论与物质实际吸附过程更接近，可测定样品范围广，测试结果准确性和可信度高，特别适合科研及生产单位使用。

(四) 孔径分析

(1) 孔径分析介绍。实践表明，超微粉体颗粒的微观特性不仅表现为表面形状的不规则，很多还存在孔结构。孔的大小、形状及数量对比表面积测定结果有很大的影响，同时材料孔体积及孔径分布规律对材料本身的吸附、催化及稳定性等有很大的影响。因此，测定孔容积及孔径分布规律成为粉体材料性能测试的又一大领域，通常与比表面积测定密切相关。

所谓的孔径分布是指不同孔径的孔容积随孔径尺寸的变化率。通常根据孔平均半径的大小将孔分为三类：孔径不大于 2nm 为微孔，孔径在 2~50nm 范围为中孔，孔径不小于 50nm 为大孔。大孔一般采用压汞法测定，中孔和微孔采用气体吸附法测定。

（2）孔径测定原理及方法。气体吸附法孔径分布测定利用的是毛细凝聚现象和体积等效代换的原理，即以被测孔中充满的液氮量等效为孔的体积。吸附理论假设孔的形状为圆柱形管状，从而建立毛细凝聚模型。由毛细凝聚理论可知，在不同的 P/P_0 下，能够发生毛细凝聚的孔径范围是不一样的，随着 P/P_0 值增大，能够发生凝聚的孔半径也随之增大。对应于一定的 P/P_0 值，存在一临界孔半径 R_k，半径小于 R_k 的所有孔皆发生毛细凝聚，液氮在其中填充，大于 R_k 的孔都不会发生毛细凝聚，液氮不会在其中填充。临界半径可由凯尔文方程给出，R_k 称为凯尔文半径，它完全取决于相对压力 P/P_0。凯尔文公式也可以理解为对于已发生凝聚的孔，当压力低于一定的 P/P_0 时，半径大于 R_k 的孔中凝聚液将气化并脱附出来。理论和实践表明，当 $P/P_0 \to 0.4$ 时，毛细凝聚现象才会发生，通过测定出样品在不同 P/P_0 下凝聚氮气量，可绘制出其等温吸脱附曲线，通过不同的理论方法可得出其孔容积和孔径分布曲线。最常用的计算方法是利用 BJH 理论，通常称之为 BJH 孔容积和孔径分布。

三、实验设备

JW-BK112 型比表面积及孔径分析仪如图 7-21 所示。

四、实验步骤

（1）气路、电路连接。依次打开仪器电源、真空泵电源和气路。打开气体钢瓶阀门时，先打开总气阀，再打开减压阀，最后打开微调阀至半开状态。实验完成后关闭阀门，顺序相反先关闭减压阀，再关闭总气阀。

（2）测量大气压。打开软件，将仪器样品管任意一侧卸下，选择样品室和外气室，工具栏下方显示压力即为当时大气压。

（3）样品称量。称量样品时，先取一根样品管，记录样品管编号，称量样品管空管质量和芯棒质量并记录，称量一定的样品质量。用漏斗将样品装入样管中，装入时避免样品粘在样品管壁上，再称样品管、芯棒和样品的总质量并记录。用差值法求出样品质量。如果样品受潮较为严重，建议先放入烘箱内烘干后再装样测量。

图 7-21　JW-BK112 型比表面积及孔径分析仪

（4）样品管的安装。在仪器上正确安装样品管，依次放入防液氮挥发盖、样品管卡头、不锈钢垫、黑色密封圈和芯棒。在石英管口外壁 20~30mm 长度范围处，均匀涂抹少量的真空硅脂等润滑剂，使密封圈可以在此范围内顺利移动，以防止管口在安装过程中损坏，两个密封圈紧挨移动距管口 2~3mm 处。将石英管插入仪器插口，用手慢慢向上推到底，以便保证样品管装的一致性，此时密封圈会有所下降，将样品管卡头旋紧，将管固定于插口上。抽真空时两侧必须都有管插上。

（5）样品预处理。对样品进行加热预处理，此过程在抽真空状态下进行。正确放置加热包，将加热包上沿略高于样品管内芯棒底端。

（6）纯化气路，净化仪器内部。

（7）准备液氮。将液氮倒入液氮杯，操作时要小心，不要带棉质等易吸水手套，可带橡胶等拒水手套。液氮罐及液氮杯均应盖好盖子，以免挥发造成损失或污染。倾倒液氮时，液氮罐口不要压在液氮杯上，以免液氮杯翻倒造成危险，以量尺来确定液氮面高度。液面与杯口平齐，将液氮杯放置托盘上，使样品管位于杯口中央。点击上升按钮，上升托盘分阶段上升至样品管卡头下端，将防液氮挥发盖压紧。若上升过程中出现问题，可点击下降按钮，使托盘下降。

（8）选择是否自动测试。进行软件设置，选择是否自动测试。如果没有选择自动测试，上升液氮杯，测定 Q 值，一般测定 5 次，取平均值，并将其写入参数设置中。将样品抽真空，加热完毕后，开始进行比表面积或孔径测定。如果选择自动实验，这时选择完后，自动加热完毕后，放好液氮杯，点击液氮杯上升的确定按钮，仪器会在软件控制下自动进行比表面积或孔径测定。

（9）实验结束后，托盘下降，取下液氮杯。

（10）复核样品质量。对测定完的样品管重新预处理 10~15min 后（加热和抽真空），冷却至室温，点击充气按钮，气压到 80kPa 会自动停止充气，这时取下样品管重新称量并记录。将重新称得的质量，按差减法计算样品质量，然后把新质量输入到参数设置中，点保存按钮，得到的实验结果即是真正的实际测试结果。

（11）关机前，在测试位上装上样品管，保持仪器内部封闭性。

（12）实验结束后，依次关闭软件，关闭仪器电源，关闭真空泵电源，为真空泵放气，关闭氮气阀。

（13）样品管的清理。用清水冲洗试管，并用试管刷将样品管清洗干净。如样品较难清理，可滴入洗涤剂进行刷洗。样品管冲洗干净后放入内装无水乙醇的超声波振荡器中，45℃震荡 20min。将清洗好的样品管放入烘干箱中烘干。

五、思考题

（1）在实验过程中，需要注意哪些问题？

（2）简述粉体材料测定比表面积和孔径大小的意义。

8 无机非金属材料工艺实验

Inorganic Non-metallic Materials Technology Experiment

无机非金属材料工艺实验是一门系统的实验课程，既有其授课内容、方法、教师、时间、地点的独立性，又有与其四门主要工艺学理论课程的紧密联系性。本章列出38个实验项目和1个创新性实验报告撰写指导，其中包括：按耐火材料的结构性能、热学性能、力学性能、使用性能等列出了典型的性能测定方法共计13个实验项目；耐火和陶瓷制品的冷等静压成型方法、真空热压烧结方法各1项；陶瓷工艺基础实验7项；玻璃工艺基础实验3项；水泥工艺基础实验9项；耐火材料、陶瓷、玻璃、水泥创新性实验各1项。本章内容有助于学生在实验时进行参考和选择，提高其创新能力。

第1节　实验8-1　耐火材料耐火度测定

一、实验目的

（1）理解耐火度的概念。

（2）学会耐火度测定用锥和锥盘的制备。

（3）掌握耐火度的测定原理和测定方法。

二、定义

耐火材料的传统定义是指耐火度不低于1580℃的无机非金属材料，因此将耐火度的测定列为本章第一个实验项目。

耐火材料在无荷重的条件下抵抗高温而不熔化的特性称为耐火度。

三、实验原理

按照GB/T 7322—2007规定，将耐火材料的试验锥与已知耐火度的标准测温锥一起栽在锥台上，在规定的条件下加热并比较试验锥与标准测温锥的弯倒情况来表示试验锥的耐火度。

四、实验设备

（1）NHD-03P耐火度试验炉，如图8-1所示。

（2）试验锥、锥台成型模具。

（3）标准测温锥和耐火泥。

（4）试验筛。

五、实验步骤

图 8-1　耐火度试验炉

（1）试验锥的制备。从已成型的耐火材料试样中心部位采取总质量约 150～200g 的试验料，粉碎至 2mm 以下。混合均匀后，用四分法缩至 30g，用玛瑙研钵研磨，随磨随筛至全部过 180μm 试验筛，通过 90μm 试验筛的量不得大于 50%，加水或小于 0.5% 的有机结合剂成型。

（2）试验锥台的制备。选用的试验用标准测温锥，应包括相当于试验锥的估计耐火度的标准测温锥号 2 支，以及高 1 号和低 1 号的标准测温锥各 1 支。如果试验锥台是圆盘形的，按规定的顺序相互间隔栽在预制的锥台上。栽锥时必须使标准测温锥的标号锥面和试验锥的相应锥面对准圆锥台的中心（如果耐火度试验炉的试验锥台是长方体的，则其测温锥平行排列），并使该面相对的棱向外倾斜与锥台面成 82°的夹角。锥插入锥台孔穴中的深度为 2～3mm，用耐火泥固定在锥台上。

（3）将锥台放在试验炉内，按 5℃/min 的速率升温，观察标准测温锥和试验锥的变化状况，直到实验结束。

六、实验结果

试验锥与标准测温锥的尖端同时弯倒至锥台面时，以标准测温锥的锥号来表示试验锥的耐火度；当试验锥的弯倒介于相邻标准测温锥之间，则用两个标准测温锥的锥号来表示试验锥的耐火度，即顺次记录相邻的两个锥号，如 CN168～170。

七、思考题

（1）耐火度和熔点有何不同？

（2）讨论实验过程中影响耐火度的各种因素。

第 2 节　实验 8-2　耐火材料真密度测定

一、实验目的

（1）了解真密度的定义、原理及其在生产、科研中的作用。

（2）学会用比重瓶法测定耐火材料的真密度。

二、实验原理

按照 GB/T 5071—2013 规定，真密度一般是指固体密度值，即材料质量与其实体体积之比，真密度的测定方法有比重瓶法和气体比较比重计法。其中比重瓶法具有仪器简单、操作方便、结果可靠等优点。比重瓶法是将粉料（试样破碎、磨细成粉料，使之尽可能减少封闭气孔）浸入在易于润湿颗粒表面的浸液中，测定其所排除液体的体积，从而测得真密度。粉料的体积用比重瓶和已知密度的液体测定，所用液体温度应严格控制或准确测量。不烧耐火制品和碱性耐火制品可作预处理。

三、实验设备

（1）比重瓶。

（2）烘干箱。

（3）天平精度 0.0001g。

（4）真空干燥器残余压力不大于 2.5kPa。

四、实验步骤

（1）将 5 个比重瓶洗净、编号，放入烘干箱中于 110℃条件下烘干，然后用夹子小心地将比重瓶夹住，迅速地放入干燥器中冷却，称量各个比重瓶的质量，记为 m_1。

（2）在已干燥称重的比重瓶内，装入约为比重瓶容量的 1/3 粉体试样，精确称量比重瓶和试样的质量 m_2。

（3）取大约 300mL 浸液倒入烧杯中，再将烧杯放入真空干燥器内预先脱气（有的浸液可以不用预先脱气）。将预先脱气的浸液注入装有试样的比重瓶内，至比重瓶容量的 2/3处为止，放入真空干燥器中。启动真空泵，抽气至真空度小于 2.5kPa 时停止。

（4）从真空干燥器中取出一个比重瓶，向瓶内加满浸液并称其质量 m_3。

（5）洗净此比重瓶，然后装满浸液，称其质量 m_4。

（6）将 5 个比重瓶都重复上述过程的操作。

五、实验结果

（1）将各数据代入式（8-1），进行试样真密度（ρ）的计算：

$$\rho = \frac{m_2 - m_1}{(m_4 - m_1) - (m_3 - m_2)} \times \rho_0 \tag{8-1}$$

式中　ρ——试样真密度，g/cm^3；

ρ_0——实验温度下浸液密度 g/cm^3，水的密度见表 8-1；

m_1——比重瓶的质量，g；

m_2——比重瓶和试样的质量，g；

m_3——比重瓶、试样和液体的质量，g；

m_4——比重瓶和液体的质量，g。

表 8-1　15~30℃时水的密度

温度/℃	密度/$g \cdot cm^{-3}$	温度/℃	密度/$g \cdot cm^{-3}$
15	0.999099	23	0.997538
16	0.998943	24	0.997296
17	0.998774	25	0.997044
18	0.998595	26	0.996783
19	0.998405	27	0.996512
20	0.998203	28	0.996232
21	0.997992	29	0.995944
22	0.997770	30	0.995646

（2）粉体的真密度数据应计算到小数点后第三位。在计算平均值时，其计算数据的最大值与最小值之差应不大于±0.010g/cm^3。每个试样需进行 5 次平行测定，如果其中有 2 个以上的数据超过上述误差范围时，应重新进行测定。

六、思考题

（1）浸液为什么要抽真空脱气？

（2）真密度的测定误差主要来自哪些操作？

第 3 节　实验 8-3　耐火材料透气度测定

一、实验目的

（1）掌握透气度的概念。

（2）掌握透气度测定的原理。

（3）了解透气度对耐火材料使用性能的影响。

二、实验原理

按照 YB/T 4115—2003 规定，干燥的气体在规定压差下通过制品或其透气部位，记录流量和温度，并换算成标准状态下的通气量。

透气度是指材料在一定压差下允许不可压缩气体通过的性能。干燥的气体通过试样，记录试样两端至少在三个不同压差下的流量，由这些数值以及试样的大小和形状，通过计算确定耐火材料的透气度。透气度（μ）的计算见式（8-2），单位为 m^2。

$$\mu = 2.16 \times 10^{-6} \times \eta \times \frac{h}{d^2} \times \frac{q_v}{\Delta P} \times \frac{2P_1}{P_1 + P_2} \tag{8-2}$$

式中　η——实验温度下通过试样的气体动力黏度，Pa·s；

h——试样高度，mm；

d——试样直径，mm；

q_v——通过试样的气体流量，cm^3/min；

ΔP——试样两端的气体压差（$\Delta P = P_1 - P_2$），mmH$_2$O；

P_1——气体进入试样端的绝对压力（$P_1 = \Delta P + P_2$），mmH$_2$O；

P_2——气体逸出试样端的绝对压力（P_2 = 当时当地的大气压力），mmH$_2$O。

三、实验设备

（1）TQD-03Z 型透气度测试仪，如图 8-2 所示。透气度测试仪中安有试样夹持器，如图 8-3 所示，其套有可充气的乳胶套，以保证试样侧面的气密性，充气压力的大小视乳胶套的性质而定，一般约需 0.10~0.12MPa。

（2）烘干箱。

（3）干燥器。

（4）游标卡尺。

（5）铝合金标准试样。

（6）氮气。

图8-2　透气度测试仪

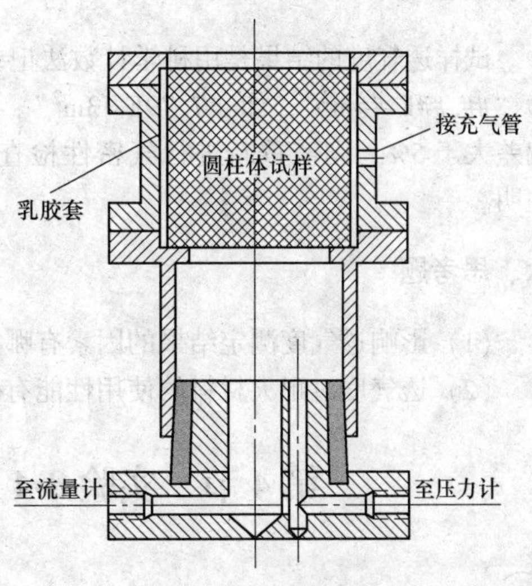

图8-3　试样夹持器

四、实验步骤

（1）实验前确认皮膜减压阀、气路减压阀、开关阀、针型调节阀均处于关闭状态。

（2）打开电源开关，仪器上电复位，进入开机画面，点击触摸屏上的“进入”，进入待机状态，然后预热30min，当显示器上的参数稳定后才可进入下一步。

（3）打开氮气钢瓶气源阀门，减压阀的气源端表压指示应大于1MPa，调节氮气减压阀，使输出压力在0.5~0.7MPa即可。

（4）打开仪器的气源开关，然后调节仪器的“气路减压阀”使初级压力表指示在0.3~0.4MPa之间。调节“精密稳压阀”使次级压力表指示在0.06~0.30MPa之间。调节“皮膜减压阀”，使皮膜压力表指示在0.20~0.22MPa之间。

（5）仪器气密性检查。将试样密封座的锁紧手轮锁紧在进气座上，将透气度为零的铝合金试样置于试样密封座内，放入挡环，旋紧挡盖。点击触摸屏上的“气密”，进入气密测试状态，皮膜自动充气，裹紧试样，开始气密性测试，进气压力开始增加。当压力不再变化时，人工计时，1min内的压力下降小于0.1MPa即可认为气密性合格，可以开始实验，点出触摸屏上的“返回”，回到待机画面，皮膜放气，释放试样。

（6）按照要求，将已制好、干燥过、并在干燥器中冷却到室温的试样装入试样密封座内，依次装入挡环，旋紧挡盖。

（7）点击触摸屏上的“参数”，进入参数设定，输入试样的平均直径（三次测量）和平均高度（三次测量），精确到0.1mm，确认后返回。点击触摸屏上的“透气”，确认试样装入后，点击“确认”开始测试。

（8）测试结束后，仪器自动释放皮膜压力，显示屏显示测试结果，记录仪打印实验结果，释放试样密封座的锁紧手轮，取下挡盖及挡环，将试样取出，点出触摸屏上的

"返回"进入到待机状态，然后按照规定步骤进行下一个试样的测试，全部实验完成后，一次关闭皮膜减压阀、气路减压阀、仪器进气开关阀最后关闭氮气瓶。

五、实验结果

试样透气度的结果是用科学计数法记录的，取小数点两位有效数字，打印结果的格式为"##. ##E-##m^2"，如"7. 79E-13m^2"。试验中如果出现不同压差下试样的透气度相互偏差大于 5%，则需重新进行气密性检查，重做实验，如仍大于 5%，应在实验报告中注明。

六、思考题

（1）影响透气度测定结果的因素有哪些？
（2）透气度对耐火材料的使用性能有什么影响？

第 4 节　实验 8-4　耐火材料热膨胀测定

一、实验目的

（1）学习测定线膨胀系数的原理和方法。
（2）熟悉测定耐火材料线膨胀系数的设备。

二、定义

（1）线膨胀率（ρ）是指由室温至实验温度间，试样长度的相对变化率，用%表示。

（2）平均线膨胀系数（α）是指由室温至实验温度间，温度每升高 1℃试样长度的相对变化率，单位℃$^{-1}$。

（3）热膨胀是指制品在加热过程中的长度变化，其表示方法分线膨胀率和平均线膨胀系数。

三、实验原理

按照 GB/T 7320—2008 规定，以规定的升温速率将试样加热到指定的实验温度，测定试样随温度升高的长度变化值，计算出试样随温度升高的线膨胀率和指定温度范围内的平均线膨胀系数，并绘制出膨胀曲线。

四、实验设备

（1）RPZ-03P 型热膨胀仪，如图 8-4 所示。
（2）电热干燥箱。
（3）游标卡尺分度值为 0. 02mm。

五、实验步骤

（1）试样：试样直径为 ϕ10mm，长度为 50mm。试样两端平整且互相平等并与其轴

图 8-4　高温热膨胀仪

线垂直。

（2）干燥：试样经（110±5）℃烘干，然后在干燥箱中冷却至室温。

（3）测量试样：精确至 0.02mm，并记录室温。

（4）装样：将试样放入装样管内，热电偶的热端位于试样长度的中心，使试样处于炉内装样区。

（5）加热：从室温开始，按 4～5℃/min 的升温速率加热，从 50℃开始每隔 50℃记录一次试样的长度变化，直至实验最终温度。

六、实验结果

（1）试样的线膨胀率（ρ）：

$$\rho = \frac{(L_t - L_0)}{L_0} \times 100 + A_K(t) \tag{8-3}$$

式中　ρ——试样的线膨胀率，%；

L_0——试样在室温下的长度，mm；

L_t——试样加热至试验室温 t 时的长度，mm；

$A_K(t)$——在温度 t 时仪器的校正值，%。

（2）试样由室温至实验 t 的平均线膨胀系数（α）：

$$\alpha = \frac{\rho}{(t - t_0) \times 100} \times 10^6 \tag{8-4}$$

式中　α——试样的平均线膨胀系数，10^{-6}/℃；

ρ——试样的线膨胀率，%；

t_0——室温，℃；

t——实验温度，℃。

（3）数据处理：线膨胀率保留至 2 位小数，平均线膨胀系数保留至 1 位小数。

七、思考题

（1）耐火材料的线膨胀系数与哪些因素有关？

（2）耐火材料的线膨胀系数对耐火材料的哪些性能有何影响？

第5节　实验8-5　耐火材料抗渣性测定

一、实验目的

（1）了解耐火材料抗渣性测定的有关定义。

（2）了解耐火材料抗渣性静态坩埚法测定的原理。

（3）学会耐火材料抗渣性静态坩埚法测定结果的计算。

二、定义

（1）抗渣性是指耐火材料在高温下抵抗熔渣渗透、侵蚀和冲刷的能力。

（2）侵蚀面是指试样与炉渣发生反应，导致试样剖面腐蚀、变形和破坏的部分，如图8-5所示。

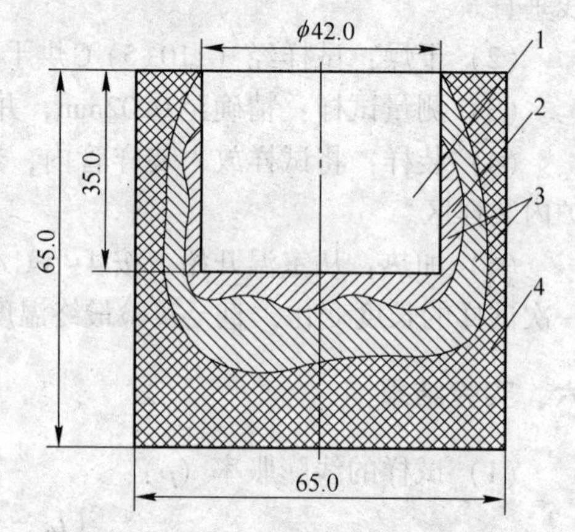

图8-5　实验后静态坩埚试样剖面图

（3）侵蚀深度是指以与炉渣接触的试样原表面为起点，试样剖面被侵蚀的长度，单位为mm。

（4）侵蚀面积百分率是指试样剖面被炉渣侵蚀的面积与试样剖面总面积之比的百分率，单位为%。

（5）渗透面是指试样与炉渣发生反应，导致试样剖面出现明显的被炉渣浸润（含侵蚀）的斑痕部分，如图8-5所示。

（6）渗透深度是指以与炉渣接触的试样原表面为起点，试样剖面被渗透（含侵蚀）的长度，单位为mm。

（7）渗透面积百分率是指试样剖面被炉渣渗透的面积（含侵蚀面积）与试样剖面总面积之比的百分率，单位为%。

（8）试样渣蚀率是指在高温流动的渣液中，试样被炉渣熔蚀的质量分数。

三、实验原理

按照GB/T 8931—2007规定，将耐火材料试样制成坩埚状，坩埚内装有炉渣，置于炉内，高温下炉渣与坩埚试样发生反应。以炉渣对试样剖面的侵蚀量（深度、面积及面积百分率）和渗透量（深度、面积及面积百分率）来评价材料抗渣性的优劣。本方法为静态坩埚法，其更适用于各种炉渣对耐火材料抗渣性的比较试验。

四、实验设备和材料

（1）天平：精度0.01g。

（2）游标卡尺：分度值0.02mm。

（3）电热干燥箱。

（4）抗渣侵蚀及渗透测量装置：测量装置应能精确测量试样被炉渣侵蚀量和渗透量，

并能提供试样实验前后的图片加以说明，采用装有测量软件的计算机、扫描仪及彩色打印机。

（5）试验炉。电炉或其他类型的炉子，最高使用温度不低于 1650℃，炉膛内最大温差应不大于 10℃，保温期间，装样区温度波动应不大于 10℃。

（6）热电偶及温度测量装置。

（7）炉渣：所采用的炉渣，应与实验材料在使用条件下所遇到的渣的成分相一致，所用炉渣均应粉碎至 0. 1mm 以下，并混合均匀。

五、实验步骤

（1）试样制备。试样应制成长×宽×高分别为 70mm×70mm×(65～70)mm 的长方体或直径为 70mm×(65～70)mm 的圆柱体，尺寸偏差不得大于 0. 5mm，沿试样成型方向，在试样顶面的中心，钻取内径 40～42mm、深度（35±2)mm 的坩埚，坩埚的内壁和底部应磨平，内部不允许有裂纹。同一实验温度需用 2 个试样。

（2）坩埚试样和炉渣应在实验前于（110±5)℃干燥 2h。

（3）用游标卡尺测量坩埚孔直径和深度，精确到 0. 5mm。

（4）称取 2 份等量的炉渣（约 70g）填满坩埚试样（如有必要可将炉渣捣实)。

（5）将装好渣的坩埚试样逐个放入炉膛的均温区，每只坩埚试样底部垫有同材质的约 30mm 厚的垫板，垫板上铺有高温垫砂；也可将坩埚试样置于较大的坩埚中，以防止熔融的炉渣穿透坩埚底部而损坏炉子。每个坩埚试样之间的距离约为 20mm。

（6）按 50℃间隔选择实验温度或根据需要来选择实验温度，按 5～10℃/min 速度升至比炉渣熔融温度低 50～100℃时，再按 1～2℃/min 速率升温，直到实验温度。

（7）根据炉渣的性质或需要来确定保温时间（通常为 3h）。

（8）保温结束后，坩埚试样随炉自然冷却至室温。

（9）沿坩埚的轴线方向对称切开。

六、实验结果

在坩埚试样剖面上，用彩笔标记 65mm×65mm 的区域作为测量区的总面积 S（不包括坩埚凹面的面积)。测量坩埚试样剖面被炉渣侵蚀量及渗透量的大小。

（1）计算机测绘。在坩埚试样剖面上，沿侵蚀面和渗透面的边，用彩笔分别画出侵蚀面和渗透面的边线，将坩埚试样剖面的图像扫描（也可用数码相机拍照后传输）到计算机，由计算机计算出坩埚试样剖面被炉渣侵蚀和渗透的深度（两侧和底面)、面积及侵蚀面积百分率和渗透面积百分率。

（2）手工计算。在坩埚试样剖面上，沿侵蚀面和渗透面的边，用彩笔分别画出侵蚀面和渗透面的边线，用求积法分别计算出坩埚试样剖面的总面积、被炉渣侵蚀和渗透的深度（两侧和底面)、侵蚀面积、渗透面积及侵蚀面积百分率和渗透面积百分率。

按式（8-5）计算试样侵蚀面积百分率（C)：

$$C = \frac{100C_1}{S} \quad (\%) \tag{8-5}$$

式中　S——坩埚试样剖面的总面积，mm^2；

C_1——坩埚试样剖面被侵蚀的面积，mm^2。

按式（8-6）计算试样渗透面积百分率（P）：

$$P = \frac{100P_1}{S} \quad (\%) \tag{8-6}$$

式中 S——坩埚试样剖面的总面积，mm^2；

P_1——坩埚试样剖面被渗透的面积，mm^2。

（3）如果需要，可将实验后画有侵蚀面和渗透面边线的坩埚试样剖面照相，并描述坩埚试样被炉渣侵蚀和渗透的情况。计算机测绘两次的偏差应不大于5%；手工计算两次的偏差应不大于10%；手工计算和计算机测绘的偏差应不大于10%。

七、思考题

（1）结合耐火材料的使用，说明静态坩埚法存在的不足。

（2）影响耐火材料抗渣性的因素有哪些？如何提高耐火材料的抗渣性？

第6节　实验8-6　耐火材料抗热震性测定

一、实验目的

（1）了解耐火材料对温度急剧变化所产生破损的抵抗性能。

（2）观察不同的耐火材料抗热震性的优劣。

二、定义

（1）抗热震性是指耐火材料对温度急剧变化所产生破损的抵抗性能。

（2）水急冷法是指试样经受急热后，以5~35℃流动的水作为冷却介质急剧冷却的方法，适用于致密硅酸铝质耐火材料。

（3）空气急冷法是指试样经受急热后，以常温下0.1MPa压缩空气作为冷却介质急剧冷却的方法，适用于碱性、硅质、熔铸、与水相互作用或水急冷法热震次数少难以判定抗热震性优劣的耐火材料。

（4）空气自然冷却是指试样经受急热后，以自然状态下空气作为冷却介质冷却的方法，适用于显气孔率大于45%的耐火材料。

三、实验原理

按照GB/T 30873—2014规定，在规定的实验温度和冷却介质条件下，一定形状和尺寸的试样，在经受急冷急热的温度突变后，根据其破损程度来确定耐火材料的抗热震性。

四、实验设备

（1）抗热震性试验炉。

（2）流动水槽。

（3）机械手或夹具。

（4）试样冷却架。

（5）吹气装置。

（6）三点弯曲应力试验装置。

（7）电热鼓风干燥箱：0~300℃。

五、实验步骤

（1）试样干燥。试样应于（110±5）℃或允许的较高的温度下干燥至恒温。

（2）装样。将试样装在试样夹持器上，试样间距不小于 10mm，且试样不得叠放。要保证试样 50mm 长一段能够经受急冷急热，在试样夹持部分，试样与试样间必须用厚度大于 10mm 的隔热材料填充。用方格网测量试样受热端面的方格数。

（3）试样急热过程。将加热炉加热到（1100±10）℃保温 15min 后，迅速将试样移入炉膛内。受热端面距离炉门内侧应为（50±5）mm，距发热体表面应不小于 30mm。用隔热材料及时堵塞试样与炉门的间隙。试样入炉后，炉温降低不大于 50℃，并于 5min 内恢复至 1100℃。试样在 1100℃下保持 20min。

（4）试样急冷过程：

1）水冷法。试样急热后，迅速将其受热端浸入 5~35℃流动的水中 50mm 深，距水槽底不小于 20mm，调节水流量，使流入和流出水槽的水的温升不大于 10℃。试样在水槽中急剧冷却 3min 后立即取出，在空气中放置时间不小于 5min。试样急冷时关闭炉门，使炉温保持在（1100±10）℃以内。再将试样受热端迅速移入炉内，反复进行此过程，直至实验结束。

2）空冷法。将干燥后的试样放入预加热至 250~300℃的电热鼓风干燥箱至少保持 2h。

将加热炉预加热至（950±10）℃保温 15min 后，迅速将试样移入炉膛内。立即关闭炉门，炉温降低应不大于 50℃。从第一块试样放入，5min 内恢复至（950±10）℃。试样在此温度下保持 30min。且应以一个平面放置，不得叠放。试样与试样、试样与炉壁间隙不得大于 10mm。

用衬有石棉的铁钳和托板将试样从炉内取出，迅速以一个平面紧靠定位销放在钢板上，使喷嘴正对着试样喷吹面的对角线交点，用压缩空气吹 5min。

喷嘴前的压力始终为 0. 1MPa，喷嘴距离试样喷吹面中心约 100mm。

试样经压缩空气流急剧冷却 5min 后，立即取出，以喷吹面作为张力面，进行三点弯曲应力实验，均匀加荷，最大弯曲应力为 0. 3MPa。

当试样经受住了 0. 3MPa 的三点弯曲应力，炉温恢复至实验温度时，即可将试样迅速移入炉内，反复进行此过程，直至实验结束。

六、实验结果

（1）水冷法。在急冷过程中，试样受热端面破损一半时，该次急热急冷循环作为有效计算。在急热过程中，试样受热端面破损一半时，该次急热急冷循环不作为有效计算。在实验过程中，试样受热端面若受机械磨损或碰撞而破损时，则其实验作废。

（2）空冷法。试样在弯曲应力实验时断裂或在急冷时爆裂无法再进行三点弯曲实验时的那次实验作为有效计算。试样在急热过程中爆裂无法再进行三点弯曲试验时的那次实验不作为有效计算。在实验过程中，试样受热端面若受机械磨损或碰撞而破损时，则其实验作废。

试样经受住了30次急热急冷循环，也可终止试验。

七、思考题

（1）如何提高耐火材料的抗热震性？

（2）影响耐火材料的抗热震性的因素有哪些？

第7节　实验8-7　耐火材料抗氧化性测定

一、实验目的

（1）掌握含碳耐火材料抗氧化性的表征方法。

（2）掌握含碳耐火材料抗氧化性的测定方法。

二、实验原理

（1）对于含氧化抑制剂的含碳耐火材料，将试样置于炉内，在氧化气氛中按规定的加热速率加热至实验温度，并在该温度下保持一定时间，冷却至室温后切成两半，测量其脱碳层厚度。

（2）对于不含氧化抑制剂的含碳耐火材料，将试样首先进行碳化，测定残存碳质量分数，称量碳化后的质量。然后置于炉内，在氧化气氛中按规定的加热速率加热至实验温度，并在该温度下保持一定时间，冷却至室温后，称量氧化后的质量，利用所测数值，计算其失碳率。

三、实验步骤

（1）含氧化抑制剂的含碳耐火材料的抗氧化性实验过程为：开机后，进入参数设定，设定试样尺寸和控温参数后将试样放在垫片上，置于炉内均温区。装好试样后关闭炉门，将空压机、流量计和刚玉管依次相连；将刚玉管从炉门上的预留孔水平插入炉内距炉膛后壁约50mm处。运行程序并打开主回路，开始自动升温，并以4L/min的流量向炉内通空气。实验结束后，关闭主回路的电源并停止通空气，保存实验报告。当试样随炉冷却至约100℃时取出试样，并置于干燥器中冷却，冷却至室温后，将试样切成两半并测量脱碳层的厚度。

（2）不含氧化抑制剂的含碳耐火材料的抗氧化性实验过程为：首先进行碳化试样实验，将试样装入碳化盒后置于炉中，升温至规定温度并保持一定时间，冷却后测量残存碳质量分数（C_c）。其计算公式如下：

$$C_c = \frac{m_1 - m_2}{m} \times 100\% \tag{8-7}$$

式中　C_c——残存碳质量分数，%；

m_1——烧灼前试样与坩埚质量，g；
m_2——烧灼后试样与坩埚质量，g；
m——试样量，g。

其次进行氧化试样实验，实验过程与含氧化抑制剂的含碳耐火材料的抗氧化性实验过程相同，实验结束后，在试样自炉中取出 1h 内，称量其质量。

四、实验结果

（1）对于含氧化抑制剂的含碳耐火材料计算其脱碳层厚度（L），其计算公式如下：

$$L = \frac{L_1 + L_2 + L_3 + L_4 + L_5 + L_6 + L_7 + L_8}{8} \tag{8-8}$$

式中　L——脱碳层厚度，mm；
L_1，L_2，L_3，L_4——自试样一个切面四边测量的脱碳层厚度，mm；
L_5，L_6，L_7，L_8——自试样另一个切面四边测量的脱碳层厚度，mm。

注意：试样的抗氧化性，以两个试样脱碳层厚度的平均值表示。

（2）对于不含氧化抑制剂的含碳耐火材料计算其失碳率（C），其计算公式如下：

$$C = \frac{M_1 - M_2}{M_1 \times C_c} \times 100\% \tag{8-9}$$

式中　C——失碳率，%；
M_1——试样碳化后的质量，g；
M_2——试样氧化后的质量，g。

注意：试样的抗氧化性，以两个试样失碳率的平均值表示。

五、思考题

（1）测定耐火材料抗氧化性的意义？
（2）耐火材料的抗氧化性如何表征？

第 8 节　实验 8-8　耐火材料常温抗折强度测定

一、实验目的

（1）掌握常温抗折强度的实验原理。
（2）掌握常温抗折强度的测定方法。

二、定义

常温抗折强度是指在室温下试样受到弯曲负荷的作用而断裂时的极限应力，单位为 MPa。

三、实验原理

按照 GB/T 3001—2007 规定，在常温下，以规定的加荷速率对试样施加应力直至试样断裂。

四、实验设备

（1）抗折试验机；

（2）游标卡尺：分度值不大于0.05mm。

五、实验步骤

（1）检测常温抗折强度，每组试样不得少于3块。

（2）测量试样中部的宽度和高度，求其平均值，精确到0.1mm。

（3）以试样成型侧面作承压面，将试样置于抗折夹具的支撑辊上，调整加压辊，置于支撑辊中央并垂直于试样长轴。

（4）以一定的速率对试样均匀加荷，直至其断裂。

六、实验结果

（1）常温抗折强度（σ_F）：

$$\sigma_F = \frac{3}{2} \times \frac{F_{max} \times L_s}{bh^2} \tag{8-10}$$

式中　σ_F——常温抗折强度，MPa；

F_{max}——试样断裂时的最大载荷，N；

L_s——支撑刀口之间的距离，mm；

b——试样宽度，mm；

h——试样高度，mm。

（2）数据处理：计算结果保留1位小数。

七、思考题

（1）影响耐火材料常温抗折强度的主要有哪些？

（2）加荷速度对耐火材料常温抗折强度有哪些影响？

第9节　实验8-9　耐火材料高温抗折强度测定

一、实验目的

（1）掌握高温抗折强度的实验原理。

（2）掌握高温抗折强度的测定方法。

二、实验原理

按照GB/T 3002—2004规定，高温抗折强度是在高温下、试样受弯至破坏时所受的最大应力，它的测定是以一定的升温速率加热规定尺寸的长方体试样到实验温度，保温至试样达到规定的温度分布，然后以一定的加荷速率对置于三点弯曲装置上的试样施加荷载，直至试样断裂。

三、实验设备

（1）高温抗折试验机（HMOR-03AP），如图 8-6 所示，其是采用以二硅化钼发热元件加热的试验机。

（2）加荷装置：具有足够折断试样的力，按规定的加荷速率对试样均匀加荷，并记录或指示其断裂时的载荷。

（3）弯曲装置：3 个刀口互相平行，上刀口位于 2 个下刀口正中间，2 个下刀口在一个水平面上，2 个下刀口的距离为（125±2）mm，刀口长度至少较试样宽 5mm。

图 8-6　高温抗折试验机

四、实验步骤

（1）试样制备：

1）数量。对于定型制品，每组试样应为 6 个，由 3 块制品上各切取 2 块组成；对于不定形材料，每组试样不少于 3 个。

2）形状尺寸。定型制品切取的试样尺寸为（25±1）mm×（25±1）mm×（140～150）mm；不定形材料制成的试样尺寸为（40±1）mm×（40±1）mm×（150～160）mm 长方体。

3）制样。制品上切取试样时，应保留垂直于成型加压方向的一个原砖面作为试样的压力面并标明符号；不定形制品则以成型时的侧面作为试样的受压面。

（2）测量试样。用游标卡尺测量试样中部的宽度和高度，精确至 0.02mm。

（3）开炉加热。将试样放入炉中的均温带，在室温至 1000℃时，速率为 8～10℃/min，1000℃至实验温度时，速率为 4～5℃/min。保温 30min。含碳制品需要在埋碳的条件下进行测试。

（4）加荷。将试样置于下刀口上，使上刀口在试样的压力面中部垂直均匀地加荷直至断裂，记录最大载荷。

五、实验结果

（1）高温抗折强度（R_e）：

$$R_e = \frac{3}{2} \times \frac{F_{max} L_s}{bh^2} \tag{8-11}$$

式中　R_e——高温抗折强度，MPa；

F_{max}——试样断裂时的最大载荷，N；

L_s——支撑刀口之间的距离，mm；

b——试样宽度，mm；

h——试样高度，mm。

（2）数据处理：计算结果保留 1 位小数。

六、思考题

（1）升温速度对耐火材料高温抗折强度有何影响？
（2）分析影响不同耐火材料高温抗折强度差别的主要因素。
（3）在冶金设备中，耐火材料在什么部位可能在高温下承受弯曲应力？

第10节　实验8-10　耐火材料常温耐压强度测定

一、实验目的

（1）掌握常温耐压强度的实验原理。
（2）掌握常温耐压强度的测定方法。

二、定义

常温耐压强度是指耐火材料在常温下，按规定条件加压，发生破坏前单位面积上所能承受的极限压力，单位为MPa。

三、实验原理

按照GB/T 5072—2008规定，在规定条件下，对已知尺寸的试样以恒定的加压速度施加载荷直至破碎或者压缩到原来尺寸的90%，记录最大载荷。根据试样所承受的最大载荷和平均受压面积计算出常温耐压强度。

四、实验设备

（1）电液伺服万能试验机，如图8-7所示。
（2）游标卡尺：分度值为0.02mm。

图8-7　WAW-1000kW微机控制电液伺服万能试验机

五、实验步骤

（1）检测常温耐压强度每组试样不得少于3块，浇注料可用常温抗折强度实验后的半截试样。定型制品需要制成边长为50mm的立方体。

（2）测量试样上、下承压面的宽度，精确至0.1mm。

（3）将试样受压面置于压板中心，以一定的速率对试样均匀加压，直至试样破坏为止。记录试验机此时指示的最大载荷。浇注料以成型面的侧面为受压面，定型制品与成型方向一致面为受压面。

六、实验结果

（1）常温耐压强度（σ）：

$$\sigma = \frac{F_{max}}{A_0} \tag{8-12}$$

式中　σ——常温耐压强度，MPa；

F_{max}——记录的最大载荷，N；

A_0——试样受压面积初始截面积，mm^2。

（2）数据处理：计算结果保留 3 位有效数字。

七、思考题

（1）测定常温耐压强度时对耐火材料试样有何要求？

（2）耐火材料常温耐压强度的大小对其使用性能有何影响？

第 11 节　实验 8-11　耐火材料荷重软化温度测定

耐火材料的荷重软化温度是表征耐火材料对高温和荷重同时作用的抵抗能力，也表征耐火材料呈现明显塑性变形的软化温度范围，是表征耐火材料高温力学性能的一项重要指标。测定耐火材料荷重软化温度对生产工艺及材料的应用具有重要的意义。

一、实验目的

（1）掌握荷重软化温度的测定方法。

（2）掌握测定荷重软化温度的实验原理。

二、定义

（1）荷重软化温度是指耐火材料在规定升温条件下，承受恒定荷载产生规定变形时的温度。

（2）最大膨胀值温度 T_0 是指试样膨胀到最大值时的温度。

（3）x%变形温度 T_x 是指试样从膨胀最大值压缩到原始高度的某一百分数（x）时的温度。当 $x=0.6$ 时，即 $T_{0.6}$ 称为开始软化温度。当 $x=4$ 时，即 T_4 称为耐火浇注料 4%变形温度。

（4）溃败或破裂温度 T_b 是指实验到 T_b 时，试样突然溃败或破裂时的温度。

三、实验原理

按照 GB/T 5989—2008、ISO 1893—2005、YB/T 370—1995 和 YB/T 2203—1998 规定，圆柱体试样在规定的恒定载荷和升温速率下加热，直到其产生规定的压缩形变，测定在产生规定形变量时的相应温度。

四、实验设备

（1）荷重软化温度测试仪，如图 8-8 所示。

（2）电热干燥箱。

（3）游标卡尺：分度值为 0.02mm。

五、实验步骤

（1）制样：圆柱体试样，直径为36mm，高为50mm。保证试样的高度方向为制品成型时的加压方向。试样不应有因制样而造成的缺边、裂纹等缺陷或水化现象。

（2）干燥：试样应于（110±5）℃或允许的较高的温度下干燥至恒重。

（3）装样：将试样放入炉内均温区的中心，并在试样的上、下两底面与压棒和支撑棒之间，增加厚约10mm、直径约50mm的垫片。压棒、垫片、试样、支撑棒及加荷机械系统，应垂直平稳地同轴安装，不得偏斜。将冷却水连通。调整好变形测量装置，将位移计调至1.0mm，启动电脑。

（4）加热：从室温至1000℃区间，以5~10℃/min速度升温；大于1000℃控制在4~5℃/min的速度进行升温。

图8-8 HRY-01型高温荷重软化温度测试仪

六、实验结果

电脑自动记录并绘出温度与变形曲线，并根据所测变形百分数自动采集温度，自动关机。当炉温降至100℃以下时，关闭冷却水。

七、思考题

（1）测定耐火材料的荷重软化温度有何意义？

（2）为什么说耐火材料没有熔点，只有范围较宽的荷重软化温度？

第12节 实验8-12 耐火材料加热永久线变化测定

一、实验目的

（1）学会加热永久线变化的测定方法与原理。

（2）通过实验学会评定耐火材料体积稳定性的方法。

二、定义

（1）烘干线变化率是指试样在（110+5）℃下烘干后，长度不可逆变化的量，以试样烘干前后长度变化的百分率来表示。

（2）烧后线变化率是指试样在规定温度下加热并保温一定时间，长度不可逆变化的量，以试样烧后的长度变化的百分率表示。

三、实验原理

按照GB/T 5988—2007规定，将已测定长度或体积的长方体或圆柱体试样置于试验炉中，按规定的加热速率加热到实验温度，并保持一定的时间，冷却至室温后，再次测量其长度或体积，并计算其加热永久线变化率或体积变化率。

四、实验设备

（1）高温加热炉。

（2）电热干燥箱。

（3）游标卡尺：分度值为 0.02mm。

五、实验步骤

（1）每组试样不得少于 3 块。

（2）在试样两端面相互垂直的中心线上，距边棱 5~10mm 处的四个位置，对称地测量试样长度，精确至 0.02mm。试样烘干后，按上述方法对试样的相同位置进行长度的测量。

（3）试样加热，以成型面为底面，放入加热炉内的均热区。试样间距不小于 20mm，试样与炉壁之间距离不小于 70mm，试样放在同材质的垫砖上，按一定速率升温，低于实验温度 50℃时按 4~6℃/min，低于实验温度 50℃至实验温度时为 1~2℃/min，保温 3h。

（4）测量：试样随炉冷却至室温后，再按上述方法测量试样相同位置上的长度。

六、实验结果

加热永久线变化（L_c）以试样加热前后的长度变化率计，单位为%。

（1）对于定型耐火制品，长度测量法按式（8-13）计算，以 4 个测量位置线变化的平均值为试样的加热永久线变化。体积测量法按式（8-14）计算。

$$L_c = \frac{L_1 - L_0}{L_0} \times 100\% \tag{8-13}$$

式中　L_1——试样加热后各点测量的长度值，mm；

L_0——试样加热前各点测量的长度值，mm。

$$L_c = \frac{1}{3} \times \frac{V_1 - V_0}{V_0} \times 100\% \tag{8-14}$$

式中　V_1——试样加热后的体积，cm^3；

V_0——试样加热前的体积，cm^3。

试样的加热永久体积变化率 V_c 为：

$$V_c = \frac{V_1 - V_0}{V_0} \times 100\%$$

（2）对于不定形耐火材料，以 4 个测量位置线变化的平均值为试样的加热永久线变化。

干燥线变化 L_d 为：

$$L_d = \frac{L_1 - L_0}{L_0} \times 100\% \tag{8-15}$$

烧后线变化 L_f 为：

$$L_f = \frac{L_t - L_1}{L_1} \times 100\% \qquad (8\text{-}16)$$

总的线变化 L_c 为：

$$L_c = \frac{L_t - L_0}{L_0} \times 100\% \qquad (8\text{-}17)$$

式中 L_0——试样烘干前的长度值，mm；

L_1——试样烘干后冷却至室温的长度值，mm；

L_t——试样烧后冷却至室温的长度值，mm。

（3）数据处理：列出每个试样的线变化单值和一组试样的算术平均值。线收缩以“-”号表示，线膨胀以“+”号表示。若试样中，所有的长度变化值的代数符号不同，不能取平均值，报告出每个测量点的线变化率单值。线变化率计算结果保留 1 位小数。

七、思考题

（1）加热永久线变化的测定主要针对哪种耐火材料？

（2）加热永久线变化的测定对耐火材料的应用有何指导意义？

第 13 节　实验 8-13　耐火材料体积密度和气孔率测定

一、实验目的

（1）理解称量法测定耐火材料体积密度和气孔率的原理。

（2）学会使用称量法测定耐火材料的体积密度和气孔率。

二、定义

（1）体积密度（ρ_b）是指带有气孔的干燥材料的质量与总体积的比值，单位为 g/cm^3 或 kg/m^3。

（2）总体积（V_b）是指带有气孔的材料中固体物质、开口气孔及闭口气孔的体积总和。

（3）真密度（ρ_t）是指带有气孔的干燥材料的质量与真体积的比值，单位为 g/cm^3 或 kg/m^3。

（4）开口气孔是指浸渍时能被液体填充的气孔。

（5）闭口气孔是指浸渍时不能被液体填充的气孔。

（6）显气孔率（π_a）是指带有气孔的材料中所有开口气孔的体积与其总体积之比值，单位为%。

（7）闭口气孔率（π_f）是指带有气孔的材料中所有闭口气孔的体积与其总体积之比值，单位为%。

（8）真气孔率（π_t）是指显气孔率和闭口气孔率的总和，单位为%。

三、实验原理

按照 GB/T 2997—2000 规定，称量试样的质量，再用液体静力称量法测定其体积，计算出显气孔率、体积密度，或根据试样的真密度（实验 8-2）计算真气孔率。体积密度表示制品的密实程度，在生产中用来评定坯体的质量和计算重量。显气孔率不仅反映材料的致密程度，而且反映其制造工艺是否合理，是评定耐火制品的一项重要指标。

四、实验设备

（1）电热干燥箱。

（2）体积密度—显气孔率测定仪。

五、实验步骤

（1）试样要求：每组试样不得少于 3 块，体积为 100~200cm^3，其最长边和最短边之比不应超过 2∶1。

（2）干燥试样质量（m_1）的测定：先把试样表面黏附的细碎颗粒刷净，在电热干燥箱中于（110+5)℃烘干 2h 后，并于干燥箱中自然冷却至室温。称量每个试样的质量，记为 m_1，精确至 0. 01g。

（3）试样浸渍：将试样放入容器内，置于抽真空装置中，抽真空至剩余压力小于 2. 5kPa，保持恒压 5min，然后在约 3min 内缓慢注入浸液，直至试样完全淹没（浸液覆盖试样约 20mm）。保持此剩余压力约 30min 后关闭真空泵（用硅酸盐水泥为结合剂的浇注料需保持 70min），取出浸液槽，在空气中静置 30min，使试样充分饱和。

（4）饱和试样悬浮在液体中质量（m_2）的测定：将饱和试样迅速移至带溢流管的容器中，吊在天平的挂钩上，待浸渍液完全淹没试样并于液面平静后，称量饱和试样在液体中的悬浮质量，记为 m_2，精确至 0. 01g。

（5）饱和试样质量（m_3）的测定：从浸渍液中取出试样，用饱和了液体的毛巾，小心地擦去试样表面多余的液滴（不得把气孔中的液体吸出）。立即称量饱和试样在空气中的质量，记为 m_3，精确至 0. 01g。

六、实验结果

（1）体积密度（ρ_b）：

$$\rho_b = \frac{m_1}{m_3 - m_2} \times \rho_{ing} \tag{8-18}$$

（2）显气孔率（π_a）：

$$\pi_a = \frac{m_3 - m_1}{m_3 - m_2} \times 100\% \tag{8-19}$$

（3）真气孔率（π_t）：

$$\pi_t = \frac{\rho_t - \rho_b}{\rho_t} \times 100\% \tag{8-20}$$

（4）闭口气孔率（π_f）：

$$\pi_f = \pi_t - \pi_a \tag{8-21}$$

式中 m_1——干燥试样质量，g；

m_2——饱和试样的表观质量，g；

m_3——饱和试样在空气中的质量，g；

ρ_{ing}——实验温度下液体的密度，g/cm³；

ρ_t——试样的真密度，g/cm³，按实验 8-2 测定。

（5）数据处理：以平均值为实验结果。体积密度计算结果保留至小数点后 2 位；气孔率精确至 0.1%。

七、思考题

（1）什么是体积密度、真气孔率、显气孔率和闭口气孔率？

（2）影响体积密度、气孔率大小的因素有哪些？

（3）测定气孔率能反映耐火材料的哪些性能指标？

第 14 节　实验 8-14　耐火材料工艺创新性实验

一、实验目的

（1）进行预习和知识储备，熟悉并掌握耐火原料指标、配方设计、试样加工及检测设备的基本性能及使用方法。

（2）利用所学的知识，亲自动手参与整个实验过程的操作与创新，进行耐火材料的设计、配料、混料、成型、养护、烘干、烧成等制备工艺制度的确定。

（3）熟练掌握耐火材料的一些主要性质的标准测定方法，并能够独立进行测定操作。

（4）学会分析影响耐火材料性质的因素的方法，掌握控制耐火材料质量的途径。

（5）能够在实际操作中发现问题、提出问题并很好地解决问题。

二、实验要求

本实验为创新性实验，学生首先应认真学习专业工艺课程，实验前应查阅部分相关文献资料，对所做实验内容进行充分的预习和设计，同时需要先期撰写出实验提纲。掌握实验原理及方法，实验过程应能够独立、积极、主动、连续地进行，做好全过程记录，实验数据必须真实、可靠，做好安全防护工作。实验结束后及时整理好实验用模具、设备。实验报告中数据真实可靠，可以采用表格、曲线等方式进行数据处理，必要时辅以图片说明问题，并能根据实验数据做出相应的结论，提出建设性意见。

三、耐火材料分类

耐火材料是耐火度不低于 1580℃ 的无机非金属材料。耐火材料是一多相、多组元的复杂体系，其服务对象是高温工业。耐火材料品种繁多，用途广泛，其分类方法多种多样，常用的有以下几种：

(1) 按化学矿物组成分类：分为硅质材料、硅酸铝质材料、镁质材料、白云石质材料、铬质材料、炭质材料、锆质材料、特种耐火材料等八类。此分类可以较好地反映耐火材料的材质、结构及性质特征，是目前应用最广泛的分类。

(2) 按化学特征分类：分为酸性耐火材料、中性耐火材料、碱性耐火材料等三类。

(3) 按耐火度分类：分为普通耐火材料、高级耐火材料、特级耐火材料等三类。

(4) 按成型工艺分类：分为天然岩石加工成型、压制成型耐火材料、浇注成型耐火材料、可塑成型耐火材料、捣打成型耐火材料、喷射成型耐火材料、挤出成型耐火材料等七类。

(5) 按热处理方式分类：分为烧成砖、不烧砖、不定形耐火材料、熔融（铸）制品等四类。

(6) 按形状和尺寸分类：分为标形制品、普形制品、异形制品、特形制品、其他制品（如坩埚、皿、管等）等五类。

(7) 按用途分类：分为钢铁行业用耐火材料、有色金属行业用耐火材料、石化行业用耐火材料、硅酸盐行业（玻璃窑、水泥窑、陶瓷窑等）用耐火材料、电力行业（发电锅炉）用耐火材料、废物焚烧熔融炉用耐火材料、其他行业用耐火材料等。

但是总体只分为两大类，即定型耐火材料和不定形耐火材料。本实验项目包括定型耐火材料的研制、不定形耐火材料的研制、定型和不定形耐火材料试样的性能检测三部分。

第一部分　定型耐火材料的研制

一、定型耐火材料分类

定型耐火材料分为定型致密耐火材料（真气孔率小于 45%）和定型隔热耐火材料（真气孔率不小于 45%）。

定型致密耐火材料分为一类高铝耐火制品、二类高铝耐火制品、黏土质耐火制品、低铝黏土耐火制品、硅质耐火制品、硅石耐火制品、碱性耐火制品（镁质、镁铬质、铬镁质、铬质、镁铝质、镁碳质、镁橄榄石质和白云石质耐火制品）和特种耐火制品。

定型隔热耐火材料（GB/T 16763—2012）按照制品重烧线变化不大于 2% 的温度分为 13 类，按照制品体积密度也分为 13 类。

二、实验设备

实验设备主要包括天平、混料机和液压机（见图 8-9）。

三、实验步骤

(1) 耐火原料的选择和配方设计。本实验以镁碳砖为例。建议采用 97 电熔镁砂（颗粒分级：5~3mm、3~1mm、1~0mm、<0.088mm）、鳞片状石墨为主要原料，以热固型酚醛树脂为结合剂，可以选择性加入金属硅粉、铝粉等作为防氧化剂。学生独立选择类型进行配方设计，写出实验配方，并根据所学的知识进行理论说明。机压成型的试样规格为 50mm×50mm×150mm 和 50mm×30mm×150mm 两种。准确计算出实验所用原料的品种、规格、数量以及外加剂量，并全部列表显示。

图 8-9 DSBS-200 型液压机

(2) 配料、混料及成型。按照实验配方进行称料，严格按照加料的顺序在小型湿碾机上混合均匀，大约需要 30~45min，可将树脂在烘箱内 35~45℃左右预热，然后与颗粒料混合均匀后再倒入粉料，或将颗粒料混好后放于烘箱内加热，加入树脂混匀，再加入石墨、细粉。按照试样的大小和体积密度，计算出所需压力，在 200t 液压机上成型。

(3) 试样烘干。试样放入电热干燥箱中，在 150~200℃条件下干燥至恒重。干燥后试样随烘箱冷却至室温。冷却后试样应存放干燥处，防止吸收水分，存放时间不应超过 3d。

(4) 定型耐火材料（镁碳砖）试样的性能指标测定。实验可按下列顺序进行各项性能的检测：1）常温抗折强度、常温耐压强度的测定；2）体积密度、气孔率的测定；3）高温抗折强度的测定；4）抗氧化性的测定等。

四、思考题

(1) 镁碳砖有何优势？发展前景如何？

(2) 设计的镁碳砖是否加入抗氧化剂，有何作用？

第二部分 不定形耐火材料的研制

一、不定形耐火材料分类

不定形耐火材料是由骨料、细粉和结合剂混合而成的散状耐火材料。必要时可加外加剂。

(1) 不定形耐火材料分为致密材料和隔热材料两大类。

(2) 按整个混合料的主要化学成分（矿物组成）和（或）决定混合料特性的骨料性质分为硅质、黏土质、高铝质、碱性材料及其混合物、特殊材料及其混合物。

(3) 按结合形式分为陶瓷结合、水硬性结合、化学结合、有机结合。

(4) 按施工方法分为耐火捣打料、耐火可塑料、耐火浇注料、耐火压入料、耐火喷涂料、耐火泥浆、耐火涂抹料。

二、实验设备

实验设备主要包括天平、搅拌机和三联试模。

三、实验内容

本实验以耐火浇注料为例。耐火浇注料是一种由耐火物料制成的粒状和粉状材料，加入一定量结合剂和水分共同组成，具有较高流动性，是一种采用浇注方式成型的不定形耐火材料。

耐火浇注料按照结合剂和某种材料的特殊作用可分为：

(1) 水泥结合耐火浇注料；

(2) 化学（即水玻璃、磷酸和磷酸盐、硫酸盐和氯化物等）结合耐火浇注料；

(3) ρ-Al_2O_3结合耐火浇注料；

(4) 黏土结合耐火浇注料；

(5) 低水泥耐火浇注料；

(6) 硅、铝溶胶结合耐火浇注料；

(7) 超微粉结合耐火浇注料，包括超低水泥和无水泥耐火浇注料等。

本实验建议学生以矾土质耐火材料为原料，选择下面其中一种类型的耐火浇注料进行实验，并进行配方的设计。

浇注料类型有：

(1) 水泥结合耐火浇注料；

(2) 低水泥结合耐火浇注料；

(3) 磷酸盐结合耐火浇注料；

(4) 水玻璃结合耐火浇注料。

实验内容具体包括：耐火原料的选择及配料；试样的成型、烘干、烧成；试样常温及烧后抗折强度的测定；试样常温及烧后耐压强度的测定；试样常温及烧后真密度的测定；试样常温及烧后体积密度、气孔率的测定；试样加热永久线变化的测定；试样耐火度的测定；试样抗热震性的测定；试样荷重软化温度的测定；试样热膨胀的测定等。可根据实际情况对各项性能进行选择性测定。

四、实验过程

(1) 耐火原料的选择和配方设计。例如：本实验建议采用 88 高铝矾土（矾土颗粒分级：8~5mm、5~3mm、3~1mm、1~0mm、<0.088mm）为主要原料，其他材料全部是粉状或水溶性材料，如纯铝酸钙水泥、α-Al_2O_3微粉、SiO_2微粉、化学纤维、三聚磷酸钠、六偏磷酸钠、酒石酸等。按照配方准确计算出所用原料的品种、规格、数量，以及外加剂量与加水量，并列表说明。

(2) 配料、混合、成型。

1) 根据自己设计的配方准确称量各种原料、外加剂的质量，并分别放置。试样总重为 2500g，精确至 1g。

2) 将称好的骨料和细粉预混均匀后，一同放入搅拌机中，边搅拌边加入干料总质量 3%~4%的水量，继续搅拌 1min，根据实际情况继续少量加水，直至试样呈现团聚成大块泥料即可。整个过程大约 3min。

3) 将准备好的三联试模紧固在振动台上，将混合好的 1/2 泥料先放入模具，启动振动台，边振动边加入剩余泥料，过程中保证较多气泡尽量排净，用镘刀轻轻除去高于试模的料，并抹平表面。

4) 从加水开始到试样成型的全部时间不得超过 10min。

(3) 试样养护、烘干。对需要检测加热线变化的试样，在养护后测量尺寸。测定方法见实验 8-12。养护条件为带模置于相对湿度不小于 90%、温度为（20±1)℃的养护箱内，24h 后脱模，试样继续在相同条件下养护 24h，然后放入电热干燥箱中，在（110±5)℃条件下干燥至恒重，干燥后试样随烘箱冷却至室温。冷却后试样应存放干燥处，防止吸收水分，存放时间不应超过 3d。

(4) 试样烧成。试样经烘干后，除去需要进行常温性能测定的，其余放入高温电炉中，炉底垫入同种材质的垫砖或颗粒料，按设计的烧成温度曲线要求以一定升温速率加热，保温，冷却。烧成后的试样随炉冷却至常温下取出，表面处理干净，无变形、无裂纹，才可进行性能检测。

(5) 不定形耐火浇注料试样的性能指标测定。实验可按下列顺序进行各项性能的检测：首先对试样进行加热永久线变化的测定；接下来进行常温及烧后抗折、耐压强度的测定；常温及烧后真密度、体积密度、气孔率的测定；其他所有相关性能的测定。

五、思考题

(1) 分别介绍所使用的耐火原料的性质及作用。

(2) 参考其他组的实验结果，从中总结出几点结论。

第三部分　定型和不定形耐火材料试样的性能检测

耐火材料各种性能的测定方法详见上述各实验项目，其他性能的测定方法可以参考《耐火材料标准汇编》或其他相关资料。

第 15 节　实验 8-15　耐火和陶瓷制品冷等静压成型

一、实验目的

(1) 了解冷等静压机工作原理。

(2) 掌握冷等静压成型方法。

二、实验原理

冷等静压机是将装入密封、弹性模具中的物料，置于盛装液体的容器中，用液体对其施加以一定的压力，将物料压制成实体，得到原始形状的坯体。压力释放后，将模具从容器内取出，脱模后，根据需要将坯体作进一步的整形处理。

冷等静压机按压成型方法可分为两种：湿袋法冷等静压机和干袋法冷等静压机。

(1) 湿袋法冷等静压机由弹性模具、高压容器、顶盖和框架等组成。此法将模具悬浮在液体内，又称为浮动模法。在高压容器内可以同时放入几个模具。

(2) 干袋法冷等静压机由压力冲头、高压容器、弹性模具、限位器、顶砖器等组成。此法将弹性模具固定在高压容器内，用限位器定位，故又称为固定模法。操作时提升冲头将粉料装入模内，装好料后用压力冲头封闭上口。加压时，液体介质注入缸内壁和模具外表面间，对模具各个方向同时均匀施压。脱模用顶砖器从模内推出坯体。

三、实验设备

实验设备主要为 LDJ1501300-300YS 型钢带缠绕式冷等静压机，如图 8-10 所示。LDJ 系列冷等静压机是在超高压状态下工作的粉末成型设备，压制的坯件致密度高而均匀，密度易控制。其适用于高温耐火材料、陶瓷、硬质合金和钕铁硼等永磁产品、碳素材料、稀有金属粉末成型。增压腔、高压工作腔及机架均采用预应变张力钢丝缠绕结构，设计合理，运行可靠。液压系统介质为抗磨液压油，工作介质为自来水加防锈剂的双介质，且将两介质相隔离，可避免污染且降低成本。采用进口 PLC 实现压机电动自控，可根据工艺要求进行调整、记录、储存和显示。

图 8-10　钢带缠绕式冷等静压机

冷等静压机具有高效和极大的灵活性，符合泄漏而不爆炸原理的预应变张力钢丝缠绕式结构压力缸、增压腔和框架，避免了应力集中，使其有极长的使用寿命和极高的安全性能，并降低设备重量，与传统设备相比，机体总重量最高可降低 50%。LDJ 系列冷等静压机的高压工作缸直径最大可达 800mm，最高压力可达 400MPa。

冷等静压机主要由弹性模具、缸体（高压容器）、框架和液压系统等组成。

（1）弹性模具用橡胶或树脂材料制成。物料颗粒大小和形状对模具寿命有较大影响。模具设计是等静压成型的关键，因为坯体尺寸的精度和致密均匀性与模具关系密切。将物料装入模具中时，其棱角处不易为物料所充填，可以采用振动装料，或者边振动边抽真空，效果更好。

（2）缸体是能承受高压的容器。其一般有两种结构形式：一种是由两层筒体热装而成，内筒处于受压状态，外筒处于受拉状态，这种结构形式只适用于中小型等静压成型设备；另一种是采用钢丝预应力缠绕结构，用机械性能良好的高强度合金钢作为芯筒体，然后用高强度钢丝按预应力要求，缠绕在芯筒外面，形成一定厚度的钢丝层，使芯筒承受很大的压应力。即使在工作条件下，也不承受拉应力或很小的拉应力，这种容器具有很高的抗疲劳寿命，可以制造直径较大的容器。容器的上塞和下塞都是活动的，加压时，上下塞将力传递到机架上。

（3）框架有两种结构形式：一种为叠板式结构，采用中强度钢板叠合而成；另一种为缠绕式框架结构，由两个半圆形梁及两根立柱拼合后用高强度钢丝预应力缠绕而成。这种结构受力合理，抗疲劳强度高，工作安全可靠。

（4）液压系统由低压泵、高压泵和增压器以及各式阀等组成。开始由流量较大的低压泵供油，达到一定压力后，再由高压泵供油，如压力再高，则由增压器提高油的压力。

四、实验步骤

（1）准备。配制好准备成型的试验料，装入胶皮套内，密封，有些制品需要预成型。

（2）开机。接通电源，按触摸屏界面上“进入”，按“频率自动给定”将其变为手动频率给定，按“用户设定”，按“用户参数选择”进行加压、保压参数设定，按“确认”，按“用户下载”。

(3) 制样。将“油泵急停”顺时针旋起，按“油泵启停”启动设备，将“手动/自动”旋转到手动，按“框架退”，按“压头提升”，按“减压”，将准备成型的试样放入缸体内，按“补液”，“手动/自动”旋转到自动，按“循环启动”开始自动的冷等静压成型过程。

(4) 取样。将“手动/自动”旋转到手动，基于安全考虑按“油泵启停”停止，按“油泵急停”，取出已成型的试样。

(5) 关机。成型过程结束后，将“油泵急停”顺时针旋起，按“油泵启停”启动，按“补液”，按“压头落入”，按“框架进”，按“油泵启停”停止，按“油泵急停”，关闭电源。

五、思考题

(1) 冷等静压成型的原理是什么？

(2) 操作冷等静压机时需要注意哪些问题？

第16节 实验8-16 耐火和陶瓷制品真空热压烧结

在现代材料工业中，用粉体原料烧结成型的产业主要有两类，一类是粉末冶金产业，另一类是特种陶瓷（耐火材料）产业。所使用的烧结工艺方法主要有两种，一种是冷压成型然后烧结，另一种是热压烧结。实验证明，采用真空热压烧结可以使产品无氧化、低孔隙、少杂质、提高合金化程度，从而提高产品的综合性能。所以，采用真空热压烧结是技术进步，应有广阔的市场需要，其应用领域有：

(1) 工具类。金刚石及立方氮化硼制品、硬质合金制品、金属陶瓷制品、粉末高速钢制品。

(2) 电工类。软磁、硬磁、高温磁性材料、铁氧体、电触头材料、金属电热材料、电真空材料。

(3) 特种材料类。粉末超合金、氧化物弥散强化材料、碳（硼、氮）化物弥散强化材料、纤维强化材料、高纯度耐热金属与合金、复合金属等。

(4) 机械零件类。广泛应用于汽车、飞机、轮船、农机、办公机械、液压件、机床、家电等领域，特别是耐磨与易损的关键零件。

一、实验目的

(1) 掌握热压烧结的基本原理、特点和适用范围。

(2) 了解热压炉的基本构造。

(3) 掌握热压炉的基本操作要领。

(4) 了解影响热压烧结的主要因素。

二、实验原理

热压烧结是区别于常规烧结的特种烧结方法之一，它是在陶瓷（耐火材料）或金属粉体加热的同时施加压力。装在耐高温的模具中的粉体颗粒在压力和温度的双重作用下，逐步靠拢、滑移、变形并依靠各种传质机制（如蒸发凝聚、扩散、粘塑性流动、溶解沉淀，视组分不同而以不同的机制为主）完成致密化过程，形成外部轮廓与模腔形状一致的致密烧结体。因此，热压烧结可将压制成型和烧结一并完成。由于在高温下持续有压力的作用，扩散距离缩短，塑性流动过程加快，并影响到其他传质过程的加速，热压烧结致密化的温度（烧结温度）要比常规烧结低 150~200℃，保温时间也短得多（有时仅需20~30min）。与常规烧结相比，热压烧结体的气孔率低，相对密度高，烧结温度低，保温时间短，晶粒不易长大，所以热压烧结体的力学性能高。

原则上，凡能用常规烧结的陶瓷材料或金属材料均可用热压烧结来获得更为致密的坯体，但热压烧结更适用于一些用常规方法难以烧结致密的材料，如各种非氧化物陶瓷、难熔金属、金属—无机复合材料等。热压烧结的主要优点有成型压力小、烧结温度低、烧结时间短、制品密度高、晶粒细小；存在的缺点是：制品形状简单、表面较粗糙，尺寸精度低，一般需后续清理和机械加工，单件生产、效率低，对模具材料要求高，耗费大。

三、实验设备及材料

（1）真空热压炉。图 8-11 为 ZT-50-20Y 型真空热压炉，可用作金属化合物、高温陶瓷、纳米材料等在真空或保护气氛中热压烧结，也可用于真空烧结或气氛烧结。其基本构造可分为两部分：一为炉体和加热系统，一为加压系统。炉体通常为圆柱形双层壳体，用耐热性好的合金钢制成，夹层内通冷却水对炉壁、底、盖进行冷却，以保护炉体金属；加热常用高纯石墨的电阻发热，由于石墨电阻小，需用变压器以低电压、大电流加在石墨发热元件上；在发热元件与炉体之间，设置有隔热层，以防止炉内的高温散失，同时也保护炉体；为防止石墨氧化，热压时必须在真空或非氧化气氛下进行，所以，炉体需具有很好的密封性，符合真空系统要求，并带有机械真空泵、扩散泵。根据烧结的材料不同，也可通入惰性气体（如氩气）或氮气、氢气等；温度通过控制电压、电流来改变加于发热元件上的输出功率而实现。加压系统常为电动液压式单轴上下方向加压，在发热元件围成的炉腔中部放有高强度石墨制成的压模，压模由模套、上下压头组成，上（或下）压头能在模套内运动，以实现对粉体材料的压制。

图 8-11　ZT-50-20Y 型真空热压炉

（2）高强石墨模具及石墨衬套、垫片。

（3）h-BN 粉，酒精。

（4）烧杯、小毛刷。

（5）气氛烧结时需备有保护气体。

四、实验步骤

（1）粉体准备。准备进行热压烧结的粉体原料或混合料。

（2）模具准备。在烧杯中以无水酒精、h-BN 粉配成悬浮液，用小毛刷将其涂刷于模具的模套内壁、上压头四周及下接触面、下压头上接触面以及衬套的内外表面、垫片的全部表面，以防止热压时粘模而便于脱模。

（3）装粉、装模。将模套衬套装配在一起，再将下压头装入模腔，放入一保护垫片，将粉体适量装入模腔，表面刮平，再放一保护垫片后将上压头插入，并轻轻旋之无卡滞现象。将装好粉料的磨具装在炉内中央下面的下压头座上，保证平稳；其上放加压压头，盖好隔热垫，安装好炉盖，上紧螺栓，装炉完成。

（4）抽气。抽真空至要求的真空度。如气氛烧结，也要先抽真空，真空度可不要求太高。

（5）升温、通保护气体。升温时需打开各冷却水进出口阀。开启加热按钮，按事先确定好的升温速率加热。如气氛烧结，保护气体可开始升温时即通气。

（6）烧结保温、加压。达到所需烧结温度时开始计算保温时间，同时加压至所需烧结压力，并保压至所需时间。加压也可分段进行。

（7）烧结结束工作。保温结束后，即可关闭加热系统电源，让炉子内各物件自然冷却，但继续通冷却水及保护气体。加压系统关闭电源。冷至室温后，通水、通气结束，关闭进水阀、通气阀、气瓶等。

（8）脱模、取样。炉内温度冷至室温即可打开炉盖，取出模具，压出衬套、垫片及试样。

五、注意事项

（1）实验前务必认真阅读指导书，在指导教师讲解下结合实物，了解炉子结构和各控制按钮和阀的作用。

（2）热压炉为大型贵重设备，必须在教师指导下多人协作才能使用，禁止随便乱动按钮、控制阀和温度仪表等。

（3）石墨模具和炉内其他石墨件均为易碎品，价值较高，不得敲击，要轻拿轻放。

（4）烧结时注意冷却水温度不可太高，以有效保护炉体。

六、实验数据

详细记录热压烧结过程中的数据，包括各阶段的电压、电流、温度、压力、气氛情况（气氛烧结时）等。

七、思考题

（1）热压烧结与常规烧结相比有何优缺点？

（2）热压烧结为什么能获得力学性能更高的材料？

第 17 节　实验 8-17　陶瓷配方设计

一、实验目的

（1）掌握陶瓷坯料配方的实验原理和方法。

（2）熟悉陶瓷坯料配方操作技能。

（3）了解陶瓷生产工艺方案的确定方法及生产工艺过程。

二、实验原理

制定坯料配方尚缺乏完善方法，主要原因是原料成分多变、工艺制度不稳、影响因素太多，以致对预期效果的预测没有把握。

根据产品性能要求，选用原料，确定配方及形成方法是常用的配料方法之一。例如，制造日用瓷则必须选用烧后呈白色的原料（黏土原料），并要求产品有一定强度；制造化学瓷则要求有好的化学稳定性；制造地砖则必须有高的耐磨性和低的吸水性；制造电瓷则需有高的机电性能；制造热电偶保护管须能耐高温、抗热震并有高的传热性；制造火花塞则要求有大的高温电阻、高的耐冲击强度及低的热膨胀系数。

选择原料确定配方时既要考虑产品性能，也要考虑工艺性能及经济指标。各地文献资料所记载的成功经验配方都有参考价值，但无论如何都不能照搬。因黏土、瓷土、瓷石均为混合物，长石、石英常含不同的杂质，同时各地原有母岩及形成方法、风化程度不同，其理化工艺性能或不尽相同或完全不同，所以选用原料、制定配方只能通过实验来决定。

坯料配方试验方法一般有三轴图法、孤立变量法、示性分析法和综合变量法。

（1）三轴图法。三轴图法即三种原料组成图，图中共有 66 个交点和 100 个小三角形，其中由三种原料组成的交点有 36 个，由两种原料组成的交点有 27 个，由一种原料组成的交点有 3 个。配料时先决定该种坯料所选用各种原料的适当范围，初步确定三轴图中几个配方点（配方点可以在交点上，也可以在小三角形内）。如图 8-12 所示，长石—石英—瓷土三轴图中，*A* 点为含长石 50%，石英 20%，瓷土 30%；*B* 点为含长石 30%，石英 30%，瓷土 40%；*C* 点为含长石 10%，石英 40%，瓷土 50%。按照配方点组成进行配料制成试样，测定物理特性，进行比较优选采用。

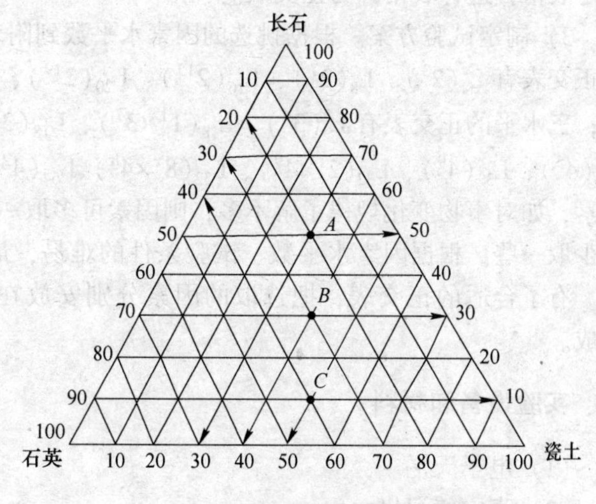

图 8-12　长石—石英—瓷土三轴图

三轴图不限于长石、石英、瓷土三种组成，凡采用三种原料配料做实验的均可利用此图。例如一般配料中含长石30%、石英20%、黏土50%，而黏土中又采用高岭土、强可塑黏土和瘠性黏土三种配合使用，则可制一个三种黏土的三轴图，在此图上选定数点做实验以求出高岭土、强可塑性黏土和瘠性黏土的最佳配方。

（2）孤立变量法。孤立变量法即变动坯料中一种原料或一种成分，其余原料或成分均保持不变，例如A、B、C三种原料，固定A、B，变动C；或固定B、C，变动A；或固定A、C，变动B，最后找出一个最佳配方。

（3）示性分析法。示性分析法即着眼于化学成分和矿物组成的理论配合比。例如，高岭土中常含有长石及石英的混合物，长石中含有未化合的石英，瓷石中则含有长石、石英、高岭石、绢云母等。如配方中的高岭土是指纯净的高岭石，配方中的长石、石英是指极纯的长石及石英，则最好用示性分析法测定各种原料内的高岭石、长石、石英的含量，以便配料时统计计算。

（4）正交试验法。正交试验法也称综合变量法、多因素筛选法、多因素优选法、大面积撒网法。试验前借助于正交表，科学地安排试验方案，试验后，经过表格运算，分析试验结果，以较少的试验次数找出最佳的坯料配方。试验方案的设计步骤如下。

1）挑因素、选水平、确定因素水平表。因素即试验中所要考虑的各种条件，例如球磨转速、料球水比、坯料水分、细度及组分等。各种因素对试验结果都可能产生影响，如不加挑选，因素越多势必造成试验次数增加，所以要在多种因素中挑出主要因素。水平即每个因素中的不同状态，例如不同的球磨转速、不同的料球水比、坯料中不同的含水率、不同的细度、各组分的不同含量等。每个因素要选多少个水平，这根据生产和试验目的来确定。

2）选择合适的正交表。根据挑选的因素及水平数，选择合适的正交表。正交表是利用均衡分散性和整齐可比性这两条正交性原理，从大量试验点中挑选典型性试验点，排成特定表格，这种表格称为正交表。

3）制定试验方案。根据挑选的因素水平数到附表中挑选合适的正交表。例如二水平的正交表有$L_4(2^3)$、$L_8(2^7)$、$L_{16}(2^{15})$、$L_{20}(2^{19})$、$L_{12}(2^{11})$、$L_{16}(4^3\times2^6)$、$L_{16}(4^2\times2^9)$等；三水平的正交表有$L_9(3^4)$、$L_{18}(1^1\times3^7)$、$L_{18}(3^7)$、$L_{27}(3^{13})$等；四水平的正交表有$L_{16}(4^5)$、$L_{32}(4^9)$、$L_{32}(2^1\times4^9)$、$L_{32}(8^1\times4^8)$、$L_{64}(4^{21})$等。根据试验目的，确定要考虑的因素，如对事物变化规律了解不多，则因素可多取一些；如对试验对象比较了解，则因素可少取一些。根据因素水平数、试验条件的难易，最后综合各方面意见选择合适的正交表。有了合适的正交表，把选取的因素分别安放在正交表的各列上，试验方案即制定完成。

三、实验设备和材料

（1）电子天平。

（2）真空练泥机。

（3）瓷质球磨罐。

（4）量筒（100mL、250mL）。

（5）CoO料浆（编号用）。

（6）试条模、成型碾棒、切刀。

(7) 布袋或石膏模或匣钵（泥浆吸水用）。

四、实验步骤

(1) 根据产品性能要求，确定所选用的原料，这些原料的化学成分、矿物组成及工艺性能一般是已知的，否则要进行分析测定。

(2) 从三轴图上选取 6~10 个配方点，并将这些配方点的原料组成百分比算出来，列在表中。

(3) 按三轴图上配方点原料百分比称取投料量，并确定料球水比，按比例称取料、球、水并投入球磨滚筒中进行球磨。

(4) 符合细度要求后出球磨、搅拌、除铁、脱水。

(5) 真空练泥后成为符合要求的塑性泥料，稍加陈腐备用；在实验室中如因投料量太少，不便压滤，即可利用布袋或石膏模或匣钵除去泥浆中的水分，成为塑性泥料。

(6) 用手进行揉练，以进一步除去泥料中的空气泡并使水分分布均匀，再用模型制成 10mm×10mm×120mm 的试条 5 块和 8mm×50mm×50mm 的试块 3 片。

(7) 试条、试块阴干后用 CoO 浆料编号，制定干燥制度，再经干燥并检查干燥结果（如开裂、收缩、变形等）；确定烧成制度，入炉（窑）烧成并测定吸水率、抗折强度及断面情况，即可得出最适合的坯料。

五、实验结果

(1) 确定配方点之前要做全面的调查研究，以使初步确定的配方有一定的合理性。配料称重时要准确，使始终一致。选定的各种坯料配方，应在同一温度下烧成及统一的升温速率，才比较有意义。

(2) 进行坯料配方时的计算数据，包括化学组成、示性矿物组成、坯式等的配料记录与计算数据。

(3) 三轴图法、孤立变量法、示性分析法和正交试验法四种方法，在坯料配方时可以根据实际情况，应用其中任意一种、两种、三种或四种方法都可以，总之必须按照实验方法的正确程序进行设计计算。

(4) 依据陶瓷产品的性能要求、已有的原料和设备制定出合理的工艺流程，并通过试验确定最佳或较佳的工艺参数。

六、思考题

(1) 指导坯料配方的基本理论是什么？

(2) 进行坯料配方设计时要考虑哪些问题？

(3) 影响陶瓷制品质量的内因根据和外因条件是什么？

(4) 陶瓷坯料配方与制造工艺、显微结构、理化性能有什么关系？

第 18 节　实验 8-18　陶瓷白度测定

各种物体对于投射在其表面的光，会产生选择性反射和选择性吸收的作用。不同物体对各种不同波长的光的反射、吸收和透过的程度不同，反射方向也不同，因此产生了各种不同物体有不同的颜色（不同的白度）、不同的光泽度及不同的透光度。光线照射在瓷片试样上，可以发生镜面反射与漫反射、镜面透射与漫透射。漫反射决定了陶瓷器表面的白度，镜面反射决定了陶瓷器表面的光泽度，镜面透射决定了陶瓷器的透光度。

白度是瓷器和乳浊釉基本的物理性能之一，胎体白度是反映瓷胎选择性吸收大小的参数。通过测量，可以估计白色瓷坯或乳浊釉的质量，具有重要意义。

一、实验目的

(1) 了解白度的概念。

(2) 了解造成白度测量误差的原因和影响白度的因素。

(3) 掌握白度的测定原理及测定方法。

二、实验原理

在日用陶瓷器白度测定方法规定的条件下，测定照射光逐一经过主波长为620μm、520μm、420μm三片滤光片滤光后，试样对标准白板的相对漫反射率，按规定的公式计算，所得的结果为日用陶瓷器的白度。

光线束从45°角投射在试样上，而在法线方向有硒光电池接受试样漫反射的光通量，试样越白，光电池接收的光通量越大，输出的光电流也越大，试样的白度与硒光电池输出的光电流呈直线关系。

陶瓷产品的釉层一般是厚度为0.1mm、有一定的色彩并混有少许晶体和气孔的玻璃。釉与坯的反应层一般无清晰、平整的界面，往往是釉层与坯体交混在一起的模糊层，反应层之下则为气孔、晶体和多种玻璃互相组成的坯体，它通常也有一定的色彩。

设想釉上的表面是平整的，一束平行光投射到釉面上，接收器接收的光将由以下几部分组成：釉上表面反射的光；釉层散射的光；经釉层两次吸收在反应层漫反射的光；透入坯体引起的散射光。各部分光作用在接收器的相对强度，其数据为：上表面反射光约占7%，反射层漫反射光约占75%，其余为18%。

不同型号的仪器，其光源（强度及其光谱分布）、滤色片、投射和接收方式、接收器以及数据处理等在设计上是有差异的。因此，用不同型号的仪器来测定陶瓷产品的白度，即使对同一样品的同一部位进行测量，想获得相同结果（允许误差1%），可能性也是很小的。例如假定两台白度测定仪其他所有条件完全相同，只是一台光线垂直入射，45°反射（接收），另一台光线45°入射，垂直反射（接收）。这样单就釉的上表面反射这一因素来估算，就可能使两台机器的结果相差0.5%以上。

可见陶瓷产品釉面光学性质复杂是使不同型号仪器测试结果相差较大的一个重要原因。

三、实验设备和材料

实验设备主要为WSD-3型白度计，如图8-13所示，实验材料有白色陶瓷片和玻璃板。

图 8-13　WSD-3 型白度计

四、实验步骤

（1）开机预热：开启设备后，面板上的红灯闪烁，开始预热，然后设备发出蜂鸣声，预热结束。

（2）调零操作：当设备的显示器上出现“调零（Adjust zero）”字样，调零指示灯亮，可以进行调零操作。左手把试样台轻轻压下，用右手将调零用的黑筒放在测试台上，对准光孔压住，按“执行”键，设备开始调零。当设备发出蜂鸣声，调零结束。

（3）调白操作：调零结束后，设备显示“调白（Adjust white）”字样，调白指示灯亮，提示可以进行调白操作。这时把调零用的黑筒取下，放上标准白板，对准光孔压住，按“执行”键，设备开始调白。当设备发出蜂鸣声，调白结束。

（4）样品测量：调白结束后，设备显示“测量样品（Measure Sample）”字样，测量指示灯亮，提示可以进行样品测量。将准备好的目标试样放到测量台上，对准光孔压住，直接按“执行”键即可测量其白度值。当按下“执行”键后，液晶显示器右面显示“1”，表明进行第一次测量，当设备发出蜂鸣声时，指示测量结束。显示器又恢复到等待测量状态。如果再次按下“执行”键后，则仪器再次进行测量，显示的测量次数为“2”，以此类推，最多可以测量 9 次。其测量的结果将与上几次测量结果做算术平均数运算，直到按下“显示（Display）”键显示测定结果。这个测定结果为所测量次数的总平均数。连续按“显示”键可以显示所有各组数值，按“打印”键可以直接打印出显示的测定结果。实验结果只需记录所测定试样的各个白度值和总平均白度值即可。

（5）多样测定：测量白度时，只需按下“复位”键，设备又显示“Measure Sample”字样，同时“样品”灯亮时，此时按“执行”键，所测定的数据即为新样品的白度值。其后再重复以上步骤，即可测定多个样品。

（6）实验结束：取出被测样品，清理测量压孔，关闭电源。

五、注意事项

（1）要求试样显见面测试处必须清洁、平整、光滑、无彩饰、无裂痕及其他伤痕。

（2）制备标准白板的优级氧化镁，必须保存在密闭的玻璃皿中，使用过的氧化镁粉不得回收再用。

（3）白度低于50者习惯上不称白而称灰，不属于本实验范围。

六、思考题

为什么白度测定结果与目测结果顺序可能不一致？如何统一起来？

第19节 实验8-19 釉面光泽度测定

釉面光泽度是评定制品外观质量的一个重要标准，它是釉面对可见光反射能力的表征。釉面光泽度主要取决于釉层折射率和釉面平滑度。当釉的折射率高且釉面光滑时，光线以镜面反射为主，光泽度就高；反之，以漫反射为主，光泽度就差。釉的组成、表面张力、黏度以及工艺制度是影响釉层折射率和釉面平滑度的主要因素。

一、实验目的

（1）了解光泽度的定义。

（2）了解影响光泽度的因素和提高釉面光泽度的措施。

（3）掌握光泽度的测定原理及测定方法。

二、实验原理

光泽是物体表面的一种性能，表面光泽是陶瓷制品表面的一种特征。受光照射时，由于瓷器釉表面状态不同，导致镜面反射的强弱不同，从而导致光泽度不同。测定瓷器釉表面的光泽度一般采用光电光泽计，即用硒光电池测量照射在釉表面镜面反射方向的反光量，并规定折射率 $n_b = 1.567$ 的黑色玻璃的反光量为100%，即把黑色玻璃镜面反射极小的反光量作为100%（实际上黑色玻璃的镜面反射反光量小于1%）。将被测瓷片的反光能力与此黑色玻璃的反光能力相比较，得到的数据即为该瓷器的光泽度。由于瓷器釉表面的反光能力比黑色玻璃强，所以瓷器釉表面的光泽度往往大于100%。

三、实验设备

实验设备主要为SS-92型光电光泽计。

四、实验步骤

（1）样品制备。样品表面应平整、光滑、无彩饰，被测试样表面应大于50mm×36mm（椭圆），取五个数的平均值，被测范围0~120%，准确度4%。

（2）打开电源，整机预热30min。

（3）将随机附带的标准板擦拭干净。

（4）校正。严格使读数器调零，并将黑玻璃置于侧头下，反复校正，即调幅钮上下拨动时，指针正确指“0”或标准黑玻璃值不变时为止。

（5）将侧头置于试样表面，此时读数器所示值为试样的光泽度值。读取数值后，对其他测量部位测量。测试后，将选择开关置于“0”位上。

(6) 换另一块试样，按照上述方法测量其光泽度值。

五、实验结果

准确记录 5 个试样的试样面积和光泽度，取平均值。

六、注意事项

(1) 要求试样显见面测试处必须清洁、平整、光滑、无彩饰、无裂纹及其他伤痕。

(2) 测定光泽度的标准板，每年至少校正一次，如达不到规定的参数值，则应换用新的标准板。

(3) 光泽计的透镜和标准板上的灰尘只能用镜头纸或洁净的软纸轻揩，以防擦毛损伤影响读数。

七、思考题

如何准确地测定光泽度，造成不准确的原因是什么？

第 20 节　实验 8-20　陶瓷透光度测定

透光性是透明的氧化物陶瓷、工艺瓷、单相氧化物陶瓷的重要质量标准。测定陶瓷材料的透光性对科研和生产都十分重要。

一、实验目的

(1) 了解透光度的概念。
(2) 了解影响透光度的因素。
(3) 掌握透光度的测定原理及测定方法。

二、实验原理

测定瓷器的透光度一般采用光电透光度仪。由变压器和稳压电源供给灯泡（4V/3W），电流使灯泡发出一定强度的光，通过透镜变为平行光，此平行光经光栅垂直照射到硒光电池上，产生光电流 I_0，由检流计检定。当此平行光垂直照射到试样上时，透过试样的光再射到硒电池上产生光电流 I，由检流计检定。透过试样的光产生的光电流 I 与入射光产生的光电流 I_0之比的百分数即为瓷器的相对透光度。

三、实验仪器及用品

实验仪器主要为 77C-1 型透光度仪（成套）。

四、实验步骤

(1) 接通电源：把仪器后面的电源插头插入 220V 交流电源插座上，按右面按键开关，指示灯亮。

（2）检流计校零：接通电源之后，先打开检流计电源开关，此时检流计光点发亮，光电应正对标尺零位，否则需旋动检流计下方旋钮调整。

（3）调满度100：选择量程开关为×10挡，把满度调整旋钮逆时针旋到头时，按下光源开关，然后旋动满度调整旋钮，调整仪器读数，使检流计光电指在标尺为100的地方。

（4）测定相对透光度：拉动仪器右侧拉钮，抽出试样盒，将待测试样放入，关进试样盒，即可在检流计上读取相对透光度值。当检流计标尺读数小于10时，应把开关再按下，即调到×1挡，读数，×1挡的满度值等于×10挡满度值的1/10。

五、实验结果

准确记录5个试样的试样厚度和相对透光度，取平均值。

六、注意事项

（1）要求试样显见面测试处必须清洁、平整、光滑、无彩饰、无裂纹及其他伤痕。

（2）测透光度试样为长方形（20mm×25mm）或圆形（ϕ20mm），厚度为2.0mm、1.5mm、1.0mm、0.5mm。4种不同规格的薄片应从同一部位切取，要求平整、光洁，研磨到烘干，加工方法可参照反光显微镜磨光片方法进行，也可用同一试片边磨边测，由厚到薄，但一定要烘干，精确测量厚度。

七、思考题

如何准确地测定透光度？造成不准确的原因可能有哪些？

第21节　实验8-21　陶瓷烧结温度范围测定

陶瓷坯体在烧结过程中，要发生复杂的物理、化学变化，如原料的脱水、氧化分解、易熔物的熔融、液相的生成、旧晶相的消失、新晶相的形成等，与此同时，坯体的气孔率逐渐减小，坯体的密度不断增大，最后在达到坯体气孔率最小、密度最大时的状态称为烧结，烧结时的温度称为烧结温度。若继续升温，升到一定温度时，坯体开始过烧，过烧时试样开始出现膨胀、气泡、角棱局部熔融等现象，烧结温度和开始过烧温度之间的温度范围称为烧结温度范围。

一、实验目的

（1）了解陶瓷坯体烧结温度和烧结温度范围测定的意义。

（2）掌握用高温显微镜法测定陶瓷坯体的烧结温度和烧结温度范围的方法。

二、实验原理

通过高温显微镜观察试样在加热过程中轮廓的形状与尺寸的变化来确定烧结温度和烧结温度范围。

三、实验设备

实验设备主要为高温显微镜，如图8-14所示。高温显微镜可以观察样品随温度变化时的微观结构变化情况，同时可测定材料的熔点、烧结温度、表征材料的润湿角。此外，实验设备还有游标卡尺。

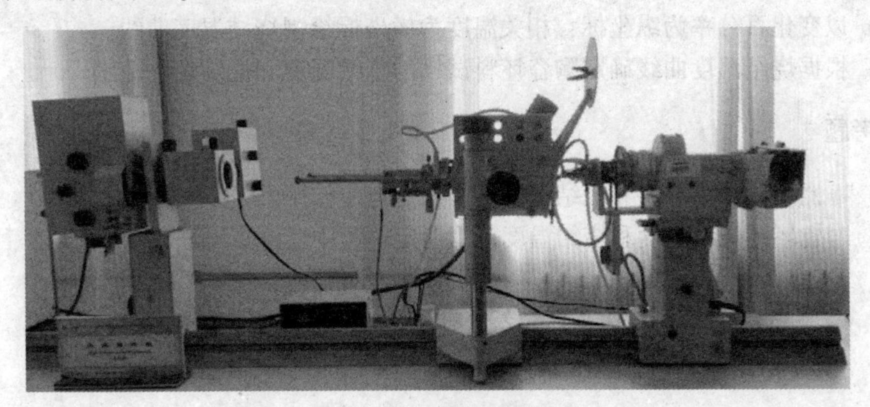

图 8-14　高温显微镜

四、实验步骤

（1）取至少 20g 具有代表性的均匀陶瓷坯体混合料，加适量水润湿后，用压样器以 3MPa 压力将其压制成直径与高相等的圆柱体试样（ϕ3mm×3mm 或 ϕ8mm×8mm）。要求在高温显微镜中观察到的试样投影图像为正方形。

（2）打开高温显微镜电源开关，调试好设备，将制备好的试样放在有铂金垫片的氧化铝托板上，把托板小心、准确地放到试样架的规定位置上。使试样与热电偶端点在同一位置，再将试样架推到炉膛中央。

（3）合上炉膛关闭装置。调节灯光聚光，使光的焦点在试样上。调节目镜，使试样轮廓清晰，然后在 800℃前以 10℃/min、800℃后以 5℃/min 的升温速度加热（无特殊需要时，试样均在空气中加热），记录以下各个温度并照相：

1）试样加热前的起始温度 T_1；

2）试样开始膨胀时的温度 T_2；

3）试样膨胀达最大值时的温度 T_3；

4）试样开始收缩时的温度 T_4；

5）试样收缩至起始高度时的温度 T_5；

6）试样收缩达到最大值时的温度 T_6；

7）试样开始第二次膨胀时的温度 T_7。

五、实验数据

（1）将实验测得的各阶段的温度记录下来，并附上即时照片，描述各阶段试样的形貌特征。

（2）利用照片或其他方法按式（8-22）计算出试样在测定中高度变化百分率（Δh）：

$$\Delta h = \frac{h_t - h_0}{h_0} \times 100\% \tag{8-22}$$

式中　Δh——试样高度变化，%；

h_t——相关温度上测得的试样高度，mm；

h_0——试样加热起始高度，mm。

（3）以变化百分率为纵坐标，相关温度为横坐标绘制烧结温度曲线。

（4）根据烧结温度曲线确定陶瓷坯料试样的烧结温度和烧结温度范围。

六、思考题

（1）陶瓷坯体烧结温度和烧结温度范围测定有何作用？

（2）陶瓷坯体烧结温度和烧结温度范围测定过程中应注意哪些事项？

第22节　实验8-22　陶瓷泥浆绝对黏度测定

一、实验目的

（1）了解泥浆的稀释原理、如何选择稀释剂及如何确定稀释剂用量。

（2）熟悉和了解泥浆性能对陶瓷生产工艺的影响。

（3）掌握泥浆黏度的测试方法。

二、实验原理

泥浆是黏土悬浮于水中的分散系统，是具有一定结构特点的悬浮体和胶体系统。泥浆流动时，存在着内摩擦力，其大小一般用黏度的大小来反映，黏度越大则流动度越小。流动着的泥浆静置后，常会凝聚沉积稠化。在黏土—水系统中，黏土粒子带负电，在水中能吸附正离子形成胶团。一般天然黏土粒子上吸附着各种盐的正离子：Ca^{2+}、Mg^{2+}、Fe^{3+}、Al^{3+}，其中以Ca^{2+}为最多。在黏土—水系统中，黏土粒子还大量吸附H^+。在未加电解质时，由于H^+离子半径小，电荷密度大，与带负电的黏土粒子作用力也大，易进入胶团吸附层，中和黏土粒子的大部分电荷，使相邻同号电荷粒子间的排斥力减小，致使黏土粒子易于凝聚，降低流动性。Ca^{2+}、Al^{3+}等高价离子由于其电价高及黏土粒子间的静电引力大，易进入胶团吸附层，同样降低泥浆流动性。如加入电解质，电解质的阳离子离解程度大，且所带水膜厚，而与黏土粒子间的静电引力不是很大，大部分仅能进入胶团的扩散层，使扩散层加厚，电动电位增大，黏土粒子间排斥力增大，从而提高泥浆的流动性，即电解质起到了稀释作用。

泥浆的最大稀释度（最低黏度）与其电动电位的最大值相适应，若加入过量的电解质，泥浆中这种电解质的阳离子浓度过高，会有较多的阳离子进入胶团的吸附层，中和黏土胶团的负电荷，从而使扩散层变薄，电动电位下降，黏土胶团不易移动，使泥浆黏度增加，流动性下降，因此电解质的加入量应有一定的范围。

用于稀释泥浆的电解质必须具备以下三个条件：

（1）具有水化能力强的一价阳离子，如Na^+；

（2）能直接离解或水解而提供足够的OH^-，使分散系统呈碱性；

（3）能与黏土中有害离子发生交换反应，生成难溶的盐类或稳定的络合物。

生产中常用的电解质有以下三类：

（1）无机电解质，如水玻璃、碳酸钠、六偏磷酸钠（$(NaPO_3)_6$）和焦磷酸钠（$Na_4P_2O_7 \cdot 10H_2O$）等，这类电解质用量一般为干料的 0.3%~0.5%；

（2）有机酸盐类，如腐殖酸钠、单宁酸钠、柠檬酸钠、松香皂等，用量一般为 0.2%~0.6%；

（3）聚合电解质，如聚丙烯酸盐、羧甲基纤维素等。

三、实验设备和材料

（1）NDJ-1 型旋转式黏度计。

（2）电动搅拌器。

（3）Na_2CO_3、$(NaPO_3)_6$等电解质。

四、实验步骤

（1）原料经细磨后，称取 400g 分别装入两只塑料杯中，加入适量水，用搅拌机充分搅拌至泥浆开始呈微流动为止，记录加水量。

（2）在两只烧杯中分别加入不同的电解质，从 2mL 开始每隔 2mL 加入一次直至 16mL，加入电解质后用搅拌机搅拌相同时间并搅拌均匀。

（3）调整好仪器至水平位置，将选择好的转子装上旋转黏度计，黏度较大时用直径较小的转子，插入在搅拌好的泥浆杯中，直至转子液面标志和液体面相平为止。

（4）开动电机开关，使转子在液体中旋转，经多次旋转（20~30s），待指针稳定，按下指针控制杆，使指针停在读数窗内，读数。当指针所指数值过高或过低，可变换转子和转速，使读数在 30~90 之间为佳。

五、实验记录与计算

$$\eta = \alpha \cdot K \tag{8-23}$$

式中 η——绝对黏度；

α——黏度计指针所指读数；

K——黏度计系数表上的特定系数。

六、思考题

（1）电解质应具备哪些条件？

（2）简述不同电解质对泥浆黏度的影响机理。

（3）测定陶瓷泥浆绝对黏度对生产有何指导意义？

第 23 节　实验 8-23　陶瓷体积密度、气孔率及吸水率测定

陶瓷材料的密度是其最基本的属性之一，也是进行其他许多物性测定的基础数据。密度是指材料的质量与其体积之比，单位为 g/cm³。当计量的体积包含的气体类型不同时，则可分为真密度、体积密度、表现密度。气孔率、吸水率是陶瓷材料结构特征的标志。在陶瓷生产、科研工作中对这三个指标进行质量控制具有重要的实用意义。

一、实验目的

（1）了解体积密度、气孔率和吸水率的概念及其在生产、科研中的作用。

（2）学会体积密度、气孔率和吸水率的测定原理和方法。

（3）了解体积密度、气孔率和吸水率与陶瓷制品理化性能的关系。

二、实验原理

（1）真密度。真密度一般是指固体密度值，即材料质量与其实体体积之比，真密度的测定方法有浸液法和气体容积法。真密度是由材料的矿物组成和其结构决定的。当材料的化学组成一定时，由其真密度可判断其中的主要矿物组成，有时还可据此判断一些晶相的晶格常数。

（2）体积密度。体积密度是指干燥制品的质量与其总体积之比，即制品单位体积（表现体积）的质量，单位为 g/cm^3。此单位体积包括材料实体的体积和空隙体积，所以体积密度取决于真密度和气孔率，其数值小于真密度。体积密度也是表征制品致密程度的主要指标，密度较高时，可减少外部浸入介质（液相或气相）对制品作用的总面积。体积密度直观地反映了制品的致密程度。对陶瓷制品来说密度较高时可以提高使用寿命，所以致密化是提高陶瓷制品质量的重要途径。

（3）表观密度。表观密度是指材料的质量与其实体体积和封闭气孔体积之和的比值。

（4）堆积密度。堆积密度是指一定粒级的颗粒料的单位体积堆积体的质量。此单位体积堆积体内包括颗粒实体的体积、颗粒内气孔与颗粒间空隙的体积。粉体质量除以此体积，所得的值即为堆积密度。堆积密度是工程设计和工艺计算的重要基础数据。常用的测量方法是用标准规格的筛子筛分出一定粒级的颗粒料，然后在规定高度上自由落下到规定容积的容器内，刮平（不得压紧、振动或摇动），称出质量，算出堆积密度。

（5）气孔率。无机材料的宏观组织可以看成是由固体骨架和各种孔隙两部分组成的。气孔多少和孔径分布必然会影响材料的性能。气孔率又称气孔度，它用试样中气孔体积占试样总体积的百分率来表示。材料的气孔有三种形式：封闭气孔（封闭在制品中不与外界相通）、开口气孔（一端封闭，另一端与外界相通，能被流体填充）和贯通气孔（贯通制品的两面，能通过流体）。

若气孔体积中包含各种气孔时，则此种气孔体积占试样总体积之比称为总气孔率或称真气孔率；封闭气孔体积占试样总体积之比称为封闭气孔率；与大气相通的气孔体积占试样总体积之比称为显气孔率或称开口气孔率。由于开口气孔和贯通气孔占总气孔体积的绝大部分，而且对制品的使用性能影响最大，又较易测定。因此在材料的检测中，常以显气孔率，即开口气孔和贯通气孔的体积之和占制品总体积的百分率表示该指标。

材料的气孔结构与原料的种类、粒度分布、黏合剂的品种、配用量以及制造过程的各种条件有密切关系，即使制品的气孔率相同，气孔的大小和不同孔径的气孔多少也会有很大差距，导致制品或半成品的性能有明显差别，所以材料结构还必须用孔径分布来表示。

（6）吸水率。吸水率指试样开口气孔所吸附水的质量与干燥试样质量之比。吸水率能够很好地评定原料烧结程度的好坏。

三、实验设备和材料

(1) 液体静力天平：精度0.01g。

(2) 电子天平：精度0.01g。

(3) 电热鼓风干燥箱：控制温度 (110±5)℃。

(4) 抽真空装置。

(5) 带有溢流管的烧杯。

(6) 煮沸用器皿。

(7) 毛刷、镊子、吊篮、毛巾、三脚架等。

四、实验步骤

(1) 制样：陶瓷砖取5块整试样，过大时可进行切割。卫生陶瓷：在同一件产品的上、中、下三个不同部位敲取一面带釉和两面无釉的试片各一块，面积约为30mm×50mm。建筑琉璃制品可在同一品种的五块不同部位上敲取面积为30mm×50mm各一块。

(2) 烘干：刷净试样表面的灰尘，放入电热烘箱中于110±5℃下烘干2h或在允许的最高温度下烘干至恒重，并于干燥器中自然冷却至室温。称量试样的质量 m_1，精确至0.01g。试样干燥至最后两次称量之差不大于其前一次的0.1%即为恒重。

(3) 浸渍试样：把试样放入容器内，一并置于抽真空装置中，抽真空至其剩余压力小于2.5kPa。试样在此真空度下保持5min，然后在5min内缓慢地注入水或其他浸渍液，直至试样完全被淹没。再保持抽真空5min后停止抽气，将容器取出，在空气中静置30min，使试样充分饱和。

(4) 饱和试样表观质量测定：饱和浸液完全淹没试样后，将试样吊在天平的挂钩上称量，得饱和试样的表观质量 m_2，精确至0.01g。

(5) 饱和试样质量测定：从浸液中取出试样，在饱和湿毛巾上滚动，小心地擦去试样表面多余的液滴（但不能把气孔中的液体吸出），迅速称量饱和试样在空气中的质量 m_3，精确至0.01g。

(6) 浸渍液体密度测定：测定在实验温度下所用的浸渍液体的密度，可采用液体静力称量法、液体比重天平法或液体比重计法，精确至 $0.001g/cm^3$。

五、实验结果

(1) 体积密度（D_b）的计算公式如下：

$$D_b = \frac{m_1 \times D_1}{m_3 - m_2} \tag{8-24}$$

式中 D_b——试样体积密度，g/cm^3；

D_1——在实验温度下浸液的密度，g/cm^3；

m_1——干燥试样的质量，g；

m_2——饱和试样的表观质量，g；

m_3——饱和试样在空气中的质量，g。

（2）显气孔率（P_a）的计算公式如下：

$$P_a = \frac{m_3 - m_1}{m_3 - m_2} \times 100\% \tag{8-25}$$

（3）吸水率（W_a）的计算公式如下：

$$W_a = \frac{m_3 - m_1}{m_1} \times 100\% \tag{8-26}$$

（4）实验误差。同一实验室，同一实验方法，同一块试样的误差不允许超过：体积密度 0.02g/cm^3；显气孔率 0.5%；吸水率 0.3%。

（5）注意事项。制备试样时一定要检查试样有无裂纹等缺陷。称取饱和试样在空气中的质量时，用毛巾抹去表面液体，操作必须前后一致。要经常检查天平零点以保证称重准确。

六、思考题

（1）体积密度、气孔率和吸水率的含义是什么？

（2）测定气孔率能反映材料质量的哪些性能指标？

（3）烧成质量与气孔率、吸水率的关系是什么？

第 24 节　实验 8-24　陶瓷工艺创新性实验

通过开展陶瓷工艺创新性实验，使学生对陶瓷生产工艺和陶瓷产品有一个全面了解，将所学的书本知识转化为生产实际，为学生提高动手能力，参加社会实践打下良好的基础。学生利用所学的知识，亲自动手，利用陶瓷生产原料制作陶瓷产品，完成陶瓷原料设计及配制、泥浆或坯料制作、试样成型、养护、干燥、烧结工艺，进而检测陶瓷制品质量。将理论课程教学内容与实验实践相结合，最终提高分析问题、解决问题的能力。

要求前期广泛查找相关文献资料，预习教材相关内容，掌握实验原理、独立设计并完成实验，做好实验记录，体验亲自动手设计陶瓷制品的乐趣，顺利完成实验全过程。要求实验数据必须真实、可靠，完成科研论文形式的实验报告。

一、实验目的

（1）了解有关的陶瓷设计制作的基本知识。

（2）了解石膏的材料特性，掌握使用方法步骤。

（3）熟悉和了解泥浆性能对陶瓷生产工艺的影响。

（4）掌握注浆成型等成型方法和步骤。

二、实验准备

实验前期带着问题查找相关文献，并回答下列问题。

（1）陶瓷原料主要有哪些，各自有何特点，选用哪些原料？

（2）陶瓷坯料有几种成型方法，每种成型方法有什么特点？

（3）创新实验选择哪种成型方法，为什么？

(4) 选用的成型操作工艺及过程。

(5) 注浆料制备过程中为什么需加入稀释剂?

(6) 什么是青坯干燥?为什么注浆后需经青坯干燥后才可脱模?

(7) 注浆法成型干修坯过程中需注意哪些问题?

(8) 成型后的试样为什么要干燥?

(9) 成型试样有几种干燥形式,介绍其各自干燥特点。

(10) 实验选择的干燥设备名称、规格、型号。

(11) 制定合理的干燥制度(升温速度、保温温度、保温时间),画出试样干燥温度与时间的关系曲线。

(12) 用相平衡原理设计烧成温度及烧成曲线。

(13) 实验选择的烧成设备名称、规格、型号。

(14) 分析烧成过程中可能发生的相变化和矿物组成。

(15) 影响烧成制度的因素?

(16) 添加剂对烧成工艺和材料性能的影响。

(17) 烧成后的试样从外观来看,需要检查哪些项目(光泽、细腻、变形、欠烧、过烧、裂纹、结瘤、气孔等)?

(18) 影响陶瓷制品质量的内因根据和外因条件是什么?

(19) 如何区别优质产品、合格产品、不合格产品?检查自己制作的试样属哪种产品?

(20) 总结在整个实验过程中学会了什么?是否对自己的创新能力有所帮助?

三、实验原理

陶瓷的成型技术对于制品的性能具有重要影响。新型陶瓷成型方法的选择应当根据制品的性能要求、形状、尺寸、产量和经济效益等综合确定。日用陶瓷制品的种类繁多,用途各异,制品的形状、尺寸、材质和烧成温度不一,对各种制品的性能和质量要求也不尽相同,因此采用的成型方法也是多种多样,造成了成型工艺的复杂化。

根据坯料含水量不同,成型方法主要可分为:注浆成型法(含水量 30%~40%)、可塑成型法(含水量 18%~26%)、干压成型法(含水量 6%~8%)、等静压成型法(含水量 1.5%~3%),景德镇等古老产瓷区还存在一种古老的手工做坯成型法(万能成型法)。注浆成型法又可分为热法和冷法,冷法又可进一步分为常压冷法注浆、加压冷法注浆、抽真空冷法注浆三种。

本节仅以常压冷法注浆成型介绍实验原理和实验步骤。

注浆成型是利用石膏模的吸水性,将具有流动性的泥浆注入石膏模内,使泥浆分散地黏附在模型上,形成和模型相同形状的坯泥层,并随时间的延长而逐渐增厚。当达到一定厚度时,经干燥收缩而与模壁脱离,然后脱模取出,坯体制成。

(一) 注浆成型的方法

(1) 基本注浆法:

1) 空心注浆(单面注浆)。该方法用的石膏模没有型芯。操作时泥浆注满模型经过一定时间后,模型内壁黏附着具有一定厚度的坯体。然后将多余泥浆倒出,坯体形状在模型内固定下来，如图 8-15 所示。这种方法适用于浇注小型薄壁的产品，如陶瓷坩埚、花瓶、管件、杯、壶等。空心注浆所用泥浆密度较小，一般在 1.65~1.80g/cm³，否则倒浆后坯体表面有泥缕和不光滑现象。

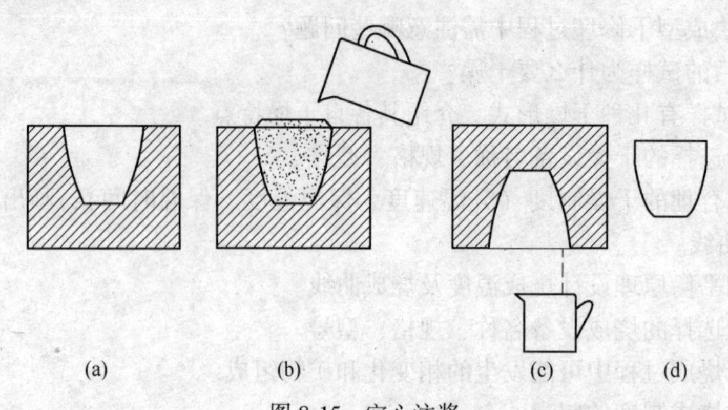

图 8-15　空心注浆

（a）空石膏模；（b）注浆；（c）放浆；（d）坯体

其他参数为：流动性一般为 10~15s；稠化度不宜过大（1.1~1.4）；细度一般比双面注浆的要细，万孔筛筛余 0.5%~1.0%。

2）实心注浆（双面注浆）。实心注浆是将泥浆注入两石膏模面之间（模型与模芯）的空穴中，泥浆被模型与模芯的工作面两面吸收，由于泥浆中的水分不断减少，因此注浆时必须陆续补充泥浆，直到穴中的泥浆全部变成坯为止。显然，坯体厚度与形状由模型与模芯之间的空穴形状和尺寸来决定，因此没有多余的泥浆倒出。其操作过程如图 8-16 所示。

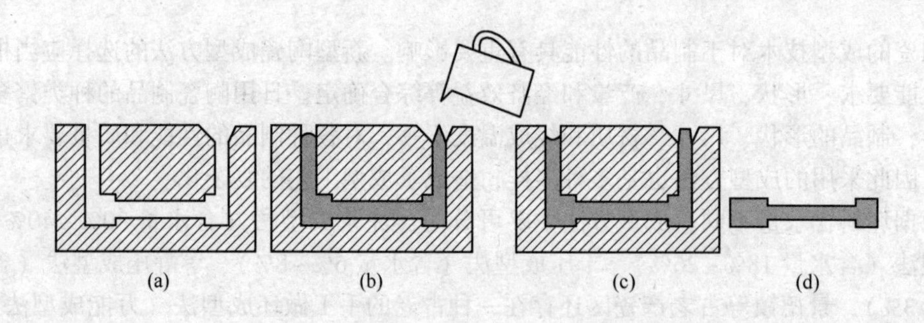

图 8-16　实心注浆

（a）空石膏模；（b）注浆；（c）吸浆；（d）坯体

该方法可以制造两面有花纹及尺寸大而外形比较复杂的制品：如盅、鱼盘、瓷板等。实心注浆常用较浓的泥浆，一般密度在 1.80g/cm³以上，以缩短吸浆时间。稠化度为 1.5~2.2，细度可粗些，万孔筛筛余 1%~2%。

（2）强化注浆法。为缩短注浆时间，提高注件质量，在两种基本注浆方法的基础上，形成了一些新的注浆方法，这些方法统称为强化注浆。强化注浆主要有以下几种：

1）压力注浆。采用加大泥浆压力的方法来加速水分扩散，从而加速吸浆速度。压力注浆最简单的就是提高盛浆桶的位置，利用泥浆本身的重力从模型底部进浆，也可利用压缩空气将泥浆注入模型内。根据泥浆压力大小，压力注浆可分为微压注浆、中压注浆、高压注浆。微压注浆的注浆压力一般在 0.05MPa 以下；中压注浆的压力在 0.15~0.20MPa；大于 0.20MPa 的可称为高压注浆，此时就必须采用高强度的树脂模具。

2）真空注浆。用专门设备在石膏的外面抽真空，或把加固后的石膏模放在真空室中负压操作，这样可加速坯体形成，提高坯体致密度和强度。

3）离心注浆。离心注浆是使模型在旋转情况下注浆，泥浆受离心力的作用紧靠模型形成致密的坯体，泥浆中的气泡由于比较轻，在模型旋转时，多集中在中间，最后破裂排出，因此也可提高吸浆速度与制品的品质。但这种方法所用泥浆中的固体颗粒尺寸不能相差过大，否则粗颗粒会集中在坯体表面，细颗粒容易集中在模型内部，造成坯体组织不均匀，干燥收缩易变形。

4）热浆注浆。热浆注浆是在模型两端设置电极，当泥浆注满后，接上交流电，利用泥浆中的电解质的导电性加热泥浆，把泥浆升温至 50℃左右，可降低泥浆黏度，加快吸浆速度。

（二）注浆成型对石膏模及泥浆的性能要求

注浆成型的关键要有高质量的模型和性能良好的注浆泥料。

（1）对石膏模型的要求有：

1）模型设计合理，易于脱模。各部位吸水性均匀，能保证坯体各部位干燥收缩一致，即坯体的致密度一致。

2）模型的孔隙不大，吸水性好，其孔隙度要求在 30%~40%，使用时石膏模不宜太干，其含水量一般控制在 4%~6%，过干会引起制品的干裂、气泡、针眼等缺陷，同时模子使用寿命缩短，过湿会延长成坯时间，甚至难以成型。

3）模型工作表面应光洁，无空洞，无润滑油迹或肥皂膜。

（2）对泥浆的要求有：

1）泥浆的流动性良好，即泥浆的黏度小，在使用时能保证泥浆在管道中的流动并能充分流注到模型的各部位。良好的泥浆应该像乳酪一样，流出时成一根连绵不断的细线，否则浇注困难。如模型复杂时，会产生流浆不到位，形成缺角等缺陷。

2）含水量尽可能低，在保证流动性的前提下，尽可能地减少泥浆的含水量，这样可减少注浆时间，增加坯体强度，降低干燥收缩，缩短生产周期，延长石膏模使用寿命。一般泥浆含水量控制在 30%~35%，密度为 1.65~1.90g/cm^3。

3）稳定性好，泥浆中不会沉淀出任何组分（如石英、长石等），泥浆各部分能长期保持组成一致，使注件组织均匀。

4）过滤性（渗透性）要好。即泥浆中水分能顺利通过附着在模型壁上的泥层而被模型吸收。可通过调整泥浆中瘠性原料与塑性原料的质量分数来调整滤过性。

5）具有适当的触变性。泥浆经过一定时间存放后黏度变化不宜过大，这样泥浆便于输送和储存，同时又要求脱模后的坯体不至于受到轻微震动而软塌，注浆用泥浆触变性太大则易稠化，不便浇注，而触变性太小则生坯易软塌，所以要有适当的触变性。

6）泥浆中空气含量尽可能少，注浆料中通常混入了一定数量的空气，使注件中有一定数量的气孔，对于比较稠厚的泥浆这种现象更为显著，为避免气泡产生和提高泥浆流动性，生产上常采用真空脱泡处理。

7）形成的坯体要有足够强度。

8）注浆成型后坯体容易脱模。

（3）稀释剂的种类与选用。一般来说，泥浆含水量越低流动性越差，而注浆工艺要求泥浆含水量尽可能低而流动性又要足够好，即需制备流动性足够好的浓泥浆，生产上为获得这种含水量尽可能低而流动性足够好的浓泥浆采取的措施是加入稀释剂。

四、实验步骤

（一）石膏浆调制

（1）石膏的特性。石膏是模型制作的主要原料，一般为白色粉状晶体，也有灰色和淡红黄色等结晶体，属于单斜晶系，其主要成分是硫酸钙。按其中结晶水的多少又分为二水石膏和无水石膏，陶瓷工业制模生产应用一般为二水石膏，就是利用二水石膏经过180℃左右的低温煅烧失去部分结晶水后成为干粉状、又可吸收水而硬化的特点。除天然石膏外，还有人工合成石膏。一般石膏调水搅拌均匀的凝固时间为2~3min，发热反应为5~8min，冷却后即成为结实坚固的物体。

理论上石膏与水搅拌时进行化学反应需要的水量为18.6%；在模型制作过程中，实际加水量比此数值大得多，其目的是为了获得一定流动性的石膏浆以便浇注，同时能获得表面光滑的模型；多余的水分在干燥后留下很多毛细气孔，使石膏模型具有吸水性。

吸水率是石膏模型一个重要的参数，它直接影响注浆时的成坯速度。陶瓷用石膏模的吸水率一般在38%~48%之间。

石膏粉放置在干燥的地方，使用时不要溅到水或车削下来的石膏，石膏袋子要干净，严防使用过的石膏残渣或其他杂物混入袋中。

（2）石膏浆的调制步骤为：

1）准备好盆和石膏粉；

2）在盆中先加入适量的水，再慢慢把石膏粉沿盆边撒入水中，一定要按照顺序先加水再加石膏。

3）直到石膏粉冒出水面不再自然吸水沉陷，稍等片刻，就用搅拌棒搅拌，要快速有力、用力均匀。成糊状即可。

4）石膏在调制时的比例为：一般车制用石膏浆，水：石膏=1：（1.2~1.4）；削制用石膏浆，水：石膏=1：1.2左右；模型翻制用石膏浆，水：石膏=1：（1.4~1.8）。

5）注意挑除石膏浆里的硬块和杂质。

（二）模型翻制操作

模型翻制操作常用的材料和工具有竹刀、钢锯条、锯条刀、直尺三角板、毛笔、油毛毡、脱模剂等。

（1）清理工作台，把石膏模种清理干净，根据预先做好的计划用铅笔轻轻在模型表面画上分模线，这是非常重要的一步。原则是在能开模的基础上，分块越少越好。

（2）一般造型先翻制大块模，用泥垫底，并围好造型，依据分模线用竹刀抹平泥面，泥面应该在分模线以下一点的距离。

（3）在石膏模种上均匀涂抹脱模剂，一定注意各个部位必须均匀涂上，不能遗漏。

（4）用模板或油毛毡围出模具的外缘，距造型最大径距离要合适，一般300mm高度的模种造型，模型边缘厚度在40mm左右。注意模板或油毛毡不能有缝隙，应该用泥巴填塞。

(5) 再在模种上涂抹脱模剂，用夹子或绳子扎紧。按照造型要求预留注浆口，可用泥团捏制成圆台状使用。

(6) 调制石膏浆，缓缓注入围好的空腔内，直至淹没模种，并加至合适厚度，待石膏稍稍凝固后，拆掉模板或油毛毡，用钢锯条把模具外边修平。

(7) 在模具边上开牙口，可以用梯形、三角形、圆形等，刻好修平，要求一定是上宽下窄，以利另一块模具打开。

(8) 再在模种上涂抹脱模剂，用模板或油毛毡围好，进行另一块模具的制作，以此类推，直至把整组模具浇注制作完。每块模具制作完成后，都要及时用钢锯条刮平。模具接口要吻合，分割要对称。

(9) 模具翻制完成后，放置一段时间，等石膏放热反应结束并冷却后，可开模取出模种，如不容易打开，可以用轻敲、水冲泡等方法打开。打开后的模具必须用水冲洗掉内壁所粘的脱模剂，放入烘房烘干待用，烘干时温度不得高于 60℃，以免模具粉化报废。

(三) 注浆成型操作

注浆成型主要是利用石膏模具吸收水分的特性，使泥浆吸附在模具壁上而形成均匀的泥层，在一定时间内达到所需的厚度，再倾倒出多余的泥浆，在模具中的其余泥层水分继续受石膏模具吸收而逐渐硬化，经干燥并产生体积收缩与模具脱离，即获得完好的粗坯。

(1) 化泥浆：把烘干的瓷泥按比例与水混合，一般含水率为 39%左右，陈放一天以上，使瓷泥充分吸收水分，再加入 0.3%左右的腐殖酸钠或水玻璃，搅拌化浆，要做到浆内无泥块、杂质，不可随意加水。

(2) 把烘干的石膏模具用皮带或绳子绑好，放置在平整的台子上，注浆口朝上，用注浆桶缓缓注入泥浆，注意模具合缝处不能跑浆，万一出现这种情况，要及时使用泥团堵塞。

(3) 注意随时添浆，不可使泥浆下沉过多，以免造成器物上下厚薄不均匀。

(4) 泥浆在模具中吸附到一定厚度时，一般为 3~5mm 左右就可倒浆，倒浆要缓，切不可急倒，以免剥离模具上吸附的泥层。倒浆时，可轻轻转动模具，以免出现口部厚薄不一致。

(5) 倒完浆后，除大底造型和不便倒转的造型外，一般把模具倒置放在台子上，称为空浆，倒置 5min 左右。

(6) 放置一定时间后，一般看模具注浆口与坯体分离 0.5~1.0mm 时，即可根据组装时的合模顺序，倒序开模，小心取出坯体。

(7) 修整泥坯注浆口部，切割掉多余的部分，刮平合模线。

(8) 把泥坯放在托板或平台上，入烘房烘干或自然干燥待用。

(四) 注意事项

整个制作模具的过程要求胆大心细，必须牢记涂抹脱模剂、开牙口、刮平。要求模具整体光滑，表面平整，内部光洁，不允许有飞棱和毛边；烘石膏模的温度不超过 60℃；泥浆内不能混入杂物；注浆时，不宜过急；坯体内部表面要平整光滑，不允许有泥块等明显缺陷；割下来的注浆口等泥屑不能直接放入注浆桶。

五、实验结果

在实验过程中，学生掌握陶瓷三大基本原料，熟悉配料的计算过程，掌握石膏模具的制作过程，实际进行陶瓷制品（杯、壶、碗、人物、动物等）的制作，并对其进行强度、白度、光泽度等相关性能检测。理解制品缺陷产生的原因、修补方法、外观质量检验等工程实践知识。

对陶瓷制品的要求：要有足够的强度和较好的造型，表面要有较好的图画或文字装饰，表面最好要施釉，要烧制成正品。

成型合格的试样经过养护、烘干、修型、烧成等各道工序后，进行外观质量和相关性能的测定。

第25节　实验8-25　玻璃熔制

普通玻璃的熔制实验是一项很重要的实验。在教学、科研和生产中，往往需要设计、研究和制造玻璃的新品种，或者对传统的玻璃生产工艺进行某种改革。在这些情况下，为了寻找合理的玻璃成分、了解玻璃熔制过程中各种因素所产生的影响、摸索合理的熔制工艺制度、提出各种数据以指导生产实践等，一般都要先做熔制实验，制取玻璃样品，再对样品进行各种性能检测，判断各种性能指标是否达到预期的要求。如此反复进行，直至找到玻璃的最佳配方，满足各种性能要求为止。

通过玻璃熔制实验，主要让学生掌握在实验条件下进行玻璃成分的设计、原料的选择、配料计算、配合料的制备、用小型坩埚进行玻璃的熔制、玻璃试样的成形等，完成一整套玻璃材料制备过程的基本训练。了解熔制玻璃的设备，掌握其使用方法；观察熔制温度、保温时间和助熔剂含量对熔化过程的影响；根据实验结果分析玻璃成分、熔制制度是否合理，为以后从事玻璃的研究和生产工作奠定基础。

一、实验目的

(1) 掌握玻璃组成的设计方法和配方的计算方法。

(2) 了解玻璃熔制的原理和过程以及影响玻璃熔制的各种因素。

(3) 熟悉高温炉和退火炉的使用方法和玻璃熔制的操作技能。

二、实验原理

熔制是玻璃生产中的重要工序之一，它是配合料经过高温加热形成均匀的、无气泡的、并符合成型要求的玻璃液的过程。玻璃的熔制过程是相当复杂的过程，它包括一系列物理的、化学的、物理化学的现象和反应，变化的结果使各种原料的机械混合物变成了复杂的熔融物，即没有气泡、结石、均匀的玻璃液，然后均匀地降温以供成型需要。由于有了这些反应和现象，由各种原料通过机械混合而成的配合料才能变成复杂的、具有一定物理化学性质的熔融玻璃液，这一过程是一个非常复杂的过程。一般把玻璃的形成分为五个阶段，即硅酸盐形成、玻璃形成、澄清、均化和冷却。在熔制过程中不是按照某些预定的顺序进行的，而是彼此之间有着相互密切的关系。

根据玻璃制品的性能要求，设计玻璃的化学组成，并以此为主要依据进行配料，制备好的各种配合料在高温下加热，发生一系列反应，最终形成玻璃制品。其实质就是把配合料熔制成玻璃液，把不均质的玻璃液进一步改善成均质的玻璃液，并使之冷却到所需要的黏度。

三、实验设备

（1）硅钼棒实验电炉（使用上限温度为 1600℃）或硅碳棒实验电炉及其控温仪。
（2）箱式电阻炉（退火炉）及其控温仪。
（3）电子天平，精度为 0.001g。
（4）烘干箱。
（5）研钵。
（6）高铝坩埚（100mL 或 150mL）及坩埚钳。
（7）不锈钢挑料棒。
（8）加料勺。
（9）护目镜。
（10）浇注玻璃样品的成型模具。
（11）石棉手套。

四、实验步骤

（一）配合料的制备

（1）配料原则。熔制玻璃采用多种原料进行配料，配料与玻璃成分和原料有关。配料是根据设计的玻璃成分和所选择原料的化学组成来计算的，为得到指定性能的玻璃，在实验室焙制玻璃要反复多次熔制，多次修改玻璃成分，以达到合乎要求的玻璃性能和其他条件，因此要反复改变料方、改变原料及其质量配合比。配料时应注意原料中所含的水分变动，要确切地掌握原料的化学成分，然后可按所要求的玻璃成分，根据各种原料的化学成分来计算料方。配料时必须准确称量各种原料，注意适当的气体比，配合料含有适当的水分，必须重视均匀混合，并防止飞尘和结块。粉料的化学成分和玻璃制品的化学成分是不完全相同的，在计算料方时应加以调整。

（2）原料选择。首先是根据预先已确定的玻璃组成和玻璃性能要求，选择所需要原料，选择时应考虑原材料的质量是否合格、对人体是否有害、对耐火材料和坩埚是否有侵蚀等。化工原料石英砂、纯碱、碳酸钙、碳酸镁、氢氧化铝、硝酸钾、硼砂等。表 8-2 为易熔玻璃的基础成分示例，创新性实验学生可以以此为依据，进行成分的适当调整，但要说明调整的原则及预期达到的熔制温度。

表 8-2　易熔玻璃的成分示例　（w/%）

配方编号	SiO_2	CaO	MgO	Al_2O_3	Na_2O	备　注
1	71.5	5.5	1	3	19	氧化物质量分数
2	69.5	9.5	3	3	15	

（3）配方计算。先确定好原料，后进行配方计算，以玻璃的质量分数组成和原料的

化学成分为基础。通常是先计算出 100g 玻璃所需用的各种原料的用量，然后根据融化玻璃所选用的坩埚大小确定每份配料的用量。在配方计算时，应考虑原料的水分，因此必须对原料含水率进行检测，另外，还应考虑熔化时有的原料在高温易挥发，因此在计算时应考虑补偿挥发组分。表 8-3 为 100g 基础玻璃所需用的各种原料的用量。

表 8-3　100g 基础玻璃原料成分表　（$w/\%$）

原料名称	氧化物名称及质量				
	SiO_2	H_3BO_3	KNO_3	Al_2O_3	Na_2CO_3
石英砂	99.00	—	—	—	—
硼酸	—	99.00	—	—	—
硝酸钾	—	—	99.71	—	—
氧化铝	—	—	—	94.00	—
纯碱	—	—	—	—	99.80

例：计算熔制得 100g 玻璃液所需碳酸镁的净用料量。

$$MgCO_3 = MgO + CO_2$$

$$84.32 \qquad 40.32$$

$$X_1 \qquad 1$$

$$X_1 = \frac{84.32l}{40.32} = 2.09(\mathrm{g})$$

实际碳酸镁的用量：

$$X = \frac{2.09 \times 100}{99.5} = 2.10(\mathrm{g})$$

可用类似方法算出其他原料的用量。

（4）配料过程：当配方计算确定之后，将原料按配比的先后顺序排列、放置，以配比先后次序精确称量，对于块状原料或颗粒度大的原料应事先研磨过筛后再称量，混合时先将石英砂置入研钵中，然后加助熔的纯碱等，预混 10~15min，再将其他原料加入混合均匀。可以根据个人情况选择配合料种类，配料情况见表 8-4。

表 8-4　配料表

原料名称	石英砂	碳酸钙	碳酸镁	氢氧化铝	纯碱	合计
配合料 1						
配合料 2						

（5）熔制温度的估计。熔化速度常数 τ 与熔制温度的关系见表 8-5。

$$\tau = SiO_2 + \frac{Al_2O_3}{Na_2O} + K_2O + \frac{1}{2}B_2O_3 + \frac{1}{3}PbO$$

表 8-5　熔化速度常数 τ 与熔制温度的关系

τ	6.0	5.5	4.3	4.2
熔制温度 t/℃	1450~1460	1420	1380~1400	1320~1340

(二) 熔制步骤

(1) 入炉前准备。首先检查电源线路，然后装入坩埚。为防止坩埚意外破裂造成电炉损坏，可将坩埚放入浅的耐火匣钵中，并在匣钵底部垫以 Al_2O_3粉，再将坩埚放入匣钵中，然后推入电炉的炉膛。最后调节电压，起始电压一般为工作电压的 1/4~1/3，10min 之后可转到全工作电压。一般以 300~400℃/h 的速率升温。准备好坩埚，耐火材料坩埚必须预热，尤其是新坩埚，要防止开裂。

另外必须拟定好温度制度。升温的控制是根据熔什么料而定，因为不同的玻璃加料温度不同。因此，必须事先拟定一个熔制的温度制度，即从加料开始、经过澄清、直至出料为止的温度和时间的曲线。温度制度主要根据玻璃成分来制定，但常常加入一些澄清剂或其他原料后，就能改变温度曲线。实际上这是一个复杂的问题，不通过实践是不能解决的，不能单靠理论推算，因为影响熔制的因素很多。即使确定了合理的温度制度，还不一定能熔制好玻璃，除了严格控制温度条件外，还涉及耐火材料坩埚的质量，侵蚀性不同的玻璃，对坩埚也有相应的要求。特别是熔制光学玻璃时，坩埚的质量是关键。此外，原料本身的纯度、颗粒度、水分、配合料的均匀性、含水量、料形以及炉内的气氛、压力都与熔化有关。

(2) 熔制。准备工作做好后即可开始加料装炉。坩埚在炉内达到加料温度时，把配制合格的粉料装入高铝坩埚中。当然有些料也可在加料温度前投入坩埚。加料一般都要分好几次，因为熔化时有大量气体逸出，翻腾很剧烈，所以第一次加料不能加满。在第二次加料时，坩埚的粉料基本上已经熔化，这时加料就可以稍满些。加料的次数、数量和相隔时间，要视玻璃熔化的实际情况而定，加料可在炉外加，这就需要加得快，尽可能减少飞尘。加料时间太长，会使炉内温度波动太大。以 4~6℃/min 的升温速度升温到 900℃，并保温 1h。以 3℃/min 升温速度，继续升温到 1200℃，保温 1h。以 3℃/min 升温速度，继续升温到 1300℃，保温 2h。各玻璃保温温度和保温时间因玻璃配方不同而异，本实验的熔制温度在 1300~1450℃之内，保温 2~3h，使玻璃液完成均化和澄清。对于硼酸酐等类含有高温下产气物质的配合料，则升温速度要降低，以防物料溢出。对于未知熔制温度的新配方玻璃的熔制，可以根据有关文献初步确定玻璃的熔制温度，实验中可在此温度上下约 100℃的范围内，每隔 20~30℃各取出一只坩埚，据此确定玻璃的熔制温度和保温时间。

料加完后，主要是玻璃熔化阶段，实际上这个时间比较短。在高温下配合料很快转化为玻璃液。在实验室熔制玻璃时，加料温度相当于玻璃熔化温度，加料的过程处于玻璃熔化的过程中。粉料熔化后，玻璃还需澄清，即去除玻璃液内可见的气泡，这样较复杂，常采用提高温度，并保持相当长的时间（一般 2~3h）。此时不但使玻璃液去除一些小气泡，同时也使玻璃液更均匀。也有在提高温度后，再适当降低些温度，更有利于消除气泡。

在坩埚里熔制玻璃，加料、熔化、澄清、均化虽可分先后阶段，而实际上是交错进行的。加料时玻璃已经在熔化，澄清主要去除小气泡，但大量气泡逸出是在熔化时，澄清时也难免还有些原料尚未完全熔化，因此又是玻璃熔化的继续。根据玻璃成分决定澄清的温度和时间。常常加些澄清剂，主要的目的是为了去除气泡，并缩短澄清时间。去除气泡对玻璃液均化有利，有时又不一致，如升高温度降低玻璃液黏度有利于气泡逸出，可是由于增加了对耐火材料的侵蚀而产生不均匀性，甚至相反产生更多的气泡，这就取决于耐火材料的质量。玻璃液保持一定时间的澄清后，挑出的料如果无砂粒、条纹和大气泡，并且透亮均匀，即可开始冷却，在冷却过程中，也对气泡的均匀性有影响，因此需要适当的冷却速率。冷却的终点即达到出料温度。

（3）出料。冷却到一定温度即可出料。在实验室中，玻璃的成型一般采取模型浇注法或“破锅法”。前者把坩埚从炉内取出，倒在预热的模子里成型（一般为块状或棒状），然后立即送入预热至500~600℃的箱式电阻炉中进行退火，关上炉门，保温10min，断电，让其自然冷却。当冷却到接近室温时，即可从箱式电阻炉中取出玻璃制品。应注意的是成型时玻璃液倒入模子的过程中，不可再产生气泡和条纹，并要防止开裂。特别应注意退火温度制度的控制。后者是在完成熔制后，连同坩埚一起冷却并退火，待装有玻璃的坩埚冷却到室温后，用小铁锤尖端敲打坩埚底和内壁，去除坩埚，得到所需要的试样。所得到玻璃试样可以作理化性能和工艺性能的测试。

（三）注意事项

（1）高温操作时要戴好防护用具。

（2）用坩埚钳夹持坩埚操作时要严肃认真，避免意外事故发生。

五、实验结果

观察实验制得的玻璃试样和坩埚中心、表面、底和周壁的硅酸盐形成、玻璃形成、熔透、澄清情况、气泡多少、未熔透颗粒数量，玻璃液表面是否有泡沫、颜色、透明度及玻璃液的其他特征，并记录于表8-6中。此外，应仔细研究坩埚壁特别是玻璃液面上的侵蚀特征。

通过目测或其他检测手段，对所制得的玻璃试样进行评价，如：玻璃液对坩埚的侵蚀，熔化的程度、玻璃的透明度、结石、条纹、气泡，是否有析晶等。

表8-6　玻璃熔制情况记录表

项目		最高熔制温度	
		900℃	1200℃或熔制温度
保温时间			
玻璃熔制情况分析	熔透程度		
	澄清情况		
	透明度及颜色		
	其他特征		
	坩埚侵蚀情况		
研究结论			

六、思考题

（1）如何选用坩埚？

（2）如何判断玻璃的熔制质量？

（3）退火的目的和实质是什么？

（4）影响熔制过程的因素有哪些？

（5）简述所选用的各种原料在玻璃熔制过程中的作用。

第 26 节　实验 8-26　玻璃热稳定性测定

一、实验目的

玻璃的热稳定性又称耐急冷急热性，也称耐热温差性等，是玻璃抵抗冷热急变的能力，它在玻璃热加工方面和日常使用方面起着重要的作用。

本实验的目的是了解检测玻璃热稳定性的实际意义，掌握淬冷法检测玻璃热稳定性的原理和方法。

二、实验原理

决定玻璃热稳定性的基本因素是玻璃的热膨胀系数，热膨胀系数大的玻璃热稳定性差；热膨胀系数小的玻璃，热稳定性好。而玻璃的热膨胀系数，主要取决于其化学组成，其次，玻璃的退火质量也将影响耐急冷急热性。另外，玻璃表面的擦伤或裂纹以及各种缺陷，都能使其热稳定性降低。玻璃的导热性能很低，由于热胀冷缩，在温度突然发生变化的过程中，玻璃中产生分布不均匀的应力，如果应力超过了它的抗张强度，玻璃即破裂。因为热应力值随温差的大小而变化，故可以用温差来表示热稳定性。玻璃不开裂所能承受的最低温度差，称为耐热温差性能。

检测玻璃热稳定性的基本方法是骤冷法。可以用试样加热骤冷，也可以用制品加热骤冷。用制品直接作为试样具有实际的代表意义。在实验室中，多采用试样加热骤冷。

骤冷法检测玻璃热稳定性的原理是：当玻璃被加热到一定温度后，如加以急冷，则表面温度很快降低，产生强烈的收缩，但此时内部温度仍较高，处于相对膨胀状态，阻碍了表面层的收缩，使表面产生较大的张应力，如张应力超过极限强度时，制品即破坏。淬冷法需把玻璃制成一定大小的试样，加热使试样内外的温度均匀，然后使之骤冷，观察它是否碎裂。但是同样的玻璃，由于各种原因，其质量也往往是不完全相同的，因而所能承受的不开裂温差也不相同，所以要检测一种玻璃的热稳定性，必须取若干块样品，将它们加热到一定温度后，进行淬冷，观察并记录其中碎裂的样品的块数，把碎裂的样品拣出后，将剩余未碎裂的样品继续加热至较高的温度，待样品热至均匀后，重复进行第二次淬冷，按同样步骤拣出碎裂的样品，记下碎裂的块数。重复以上步骤，直至加入的样品全部碎裂为止。

玻璃的耐热温度可按式（8-27）计算：

$$\Delta T = \frac{n_1\Delta t_1 + n_2\Delta t_2 + n_3\Delta t_3 + \cdots + n_i\Delta t_i}{n_1 + n_2 + n_3 + \cdots + n_i} \tag{8-27}$$

式中　ΔT——玻璃的耐热温度；

Δt_1，Δt_2，Δt_3，…，Δt_i——淬冷加热温度和冷水温度之差值；

n_1，n_2，n_3，…，n_i——在相应温度下碎裂的块数。

三、实验仪器

（1）实验电炉。

（2）温度计。

（3）放大镜。

（4）游标卡尺。

四、实验步骤

用玻璃熔制实验制备的玻璃棒做热稳定性能检测。

（1）将样品放入电炉中，以3~5℃/min的升温速度，将炉温升高到低于预估耐热温度约40~50℃，保温10min。

（2）测量并记录冷水温度。开启炉门，使试样落入冷水中。30s后取出试样，擦干，用放大镜检查，记录已破裂试样数。

（3）将未破裂试样重新放入小篓中，做第二次检测，炉温比前一次升高10℃，继续实验直至试样全部破裂为止。

五、实验结果

将实验结果记录于表8-7中。计算试样的耐热温度ΔT平均值。

表8-7 玻璃热稳定性检测记录表

试样名称	试样直径/mm	试样长度/mm	室温/℃
冷水温度/℃	炉温/℃	破裂块数	破裂温度差/℃

六、思考题

（1）玻璃的热稳定性与哪些因素有关？

（2）根据热稳定性实验结果，总结实验过程中的问题及解决方案。

第27节 实验8-27 玻璃化学稳定性测定

一、实验目的

通过玻璃抗碱性能测定，要求熟练掌握操作方法，并了解碱对玻璃的侵蚀机理，达到基本操作训练的目的。

二、实验原理

本实验采用表面法对玻璃样块的抗碱化学稳定性进行测定。将一定大小的块状玻璃试样，在一定浓度的碱液中煮沸一定时间，根据试样处理前后的质量和试样的表面积，即可确定玻璃的抗碱性能级别。

三、实验设备和材料

（1）分析天平（精度为 0.0001g）、恒温水浴锅、银质烧杯、游标卡尺、烘干箱、石棉绳、NaOH 溶液（0.5mol/L）、Na_2CO_3溶液（0.25mol/L）。

（2）弱盐酸、酒精、蒸馏水。

四、实验步骤

（1）试样的制备与要求。取 2mm 厚待测玻璃切成尺寸为 30mm×30mm 的玻璃样块，每种玻璃以两块试样为一组进行测试，用游标卡尺测量尺寸，每边测量三次，取平均值计算总面积。然后用乙醇清除试样表面的杂质，并用滤纸擦干净。放入烘箱于 110℃ 烘至恒重，冷却至室温。

（2）操作方法：

1）在分析天平上准确称量玻璃试块的质量（精确至 0.0001g）。

2）在恒温水浴锅内加入足量的水，通电至水沸腾，与此同时把已经混合好的 0.5mol/L NaOH 和 0.25mol/L Na_2CO_3溶液 100mL 放入银质烧杯内加热。

3）每组试样中的两块试样用石棉绳绑好，并使两块玻璃之间有 3～4mm 的距离，把绑好的试样放入银质烧杯中，煮沸 2h 后，拿出试样解去石棉绳，先用蒸馏水洗，再用弱盐酸洗，重新用蒸馏水洗涤至中性，然后用乙醇洗涤后擦干。烘至恒重后称量（精确至 0.0001g）。

五、实验结果

实验结果可用两块试样的质量平均损失来表示。

$$W = \frac{G_1 - G_2}{A} \times 100 \tag{8-28}$$

式中　W——重量损失，$mg/100cm^2$；

G_1——试样处理前的质量，g；

G_2——试样处理后的质量，g；

A——试样的表面积，cm^2。

六、思考题

根据实验结果，阐述玻璃在碱溶液和水中的腐蚀机理，并判断使用玻璃的种类。

第 28 节　实验 8-28　玻璃工艺创新性实验

一、课题选择

创新性实验课题的内容以材料制备为主，实验课题以加深学生对专业知识的理解和掌握、培养学生能力为主要原则来确定。在此原则基础上，考虑课题的灵活性，使课题多样化。创新性实验可以是指导教师结合教材和科研实践拟定的课题，包括教学方面有关理论探讨的课题、指导教师的科研基础课题、生产实践中需要解决的实际问题，也可以是学生创造性自选的感兴趣的课题。

二、实验准备

(1) 查阅参考文献。大量查阅与研究课题相关的文献资料。在参考文献资料的基础上结合所学的知识，写出开题报告。开题报告内容一般包括课题的名称、课题的国内外研究现状、课题的目的和意义、所研制材料的特点、实验内容、工作计划与日程安排等。

(2) 玻璃组成的设计。在明确玻璃各个氧化物的作用及玻璃组成设计原则和步骤的基础上，根据玻璃性能，设计玻璃组成。

(3) 原料的选择和准备。玻璃熔制实验所需的原料一般分为工业矿物原料和化工原料。在进行玻璃新品种和性能研究时，为了排除原料成分波动的影响，一般采用化工产品，甚至是化学试剂作为实验原料。当实验研究完成，进入中试和工业性实验时，为了适应工业性生产的需要，一般需采用工业矿物原料进行熔制实验。常采用的玻璃原料有石英砂、碳酸钙、纯碱、长石、芒硝、炭粉等。

(4) 坩埚的选择和使用。实验室常用的坩埚一般有耐火黏土质、莫来石质、刚玉质、熔融石英质、锆刚玉质和白金质等。当配料为酸性时，一般使用石英坩埚，熔化含有硼、氟、磷、铅、钡及碱性金属氧化物玻璃时，应利用含氧化铝量高的坩埚，甚至利用质量分数为95%~97%Al_2O_3的刚玉坩埚。根据配合料熔制温度的要求，进一步考虑使用何种工艺、何种材质制造的坩埚。有时为了避免因耐火材料引入的杂质而影响实验结果，可使用白金质坩埚，但是白金质坩埚（通常为铂金）较为贵重。

(5) 玻璃研制工艺技术路线的选择可参照实验 8-25 玻璃熔制。

(6) 配料计算。以制备 100g 玻璃为计算基准，根据所选坩埚的大小计算出所需配料。

(7) 工艺制度的确定：1) 熔制温度的确定：影响熔制温度的因素有很多，可综合以下三种方法来确定，用值估算、用黏度（10Pa·s）计算、参考实际玻璃的熔制温度；2) 熔制气氛的确定；3) 热处理制度（升温制度、退火制度、晶化处理制度）的确定。

(8) 拟定各项实验的顺序、熟悉各项实验的原理和步骤等。

三、实验阶段

(1) 制备合格的配合料。为保证配料的准确性，首先需将原料经过干燥或预先测定含水量。根据配料单称取各种原料（精确到 0.01g）。将配合料中难熔原料，如石英砂等，先置入研钵中（配料量大时使用球磨罐），加入 4%的水和纯碱等，预混合 10~15min，再将其他原料加入，混合均匀。

(2) 熔制玻璃可参照实验 8-25 玻璃熔制。

(3) 玻璃性能测试。按所设计的玻璃品种，根据相关标准，进行有关的玻璃性能测试。

四、结束阶段

（1）有针对性地进一步查阅资料、文献充实理论与课题。

（2）将实验得到的数据进行归纳、整理与分类并进行处理、分析和讨论，找出规律性，得出结论。如果认为某些数据不可靠，可补做若干实验或采用平行验证实验，对比后决定数据的取舍。

（3）根据拟题方案及课题要求写出总结性实验报告。一般来说，报告内容包括立题依据、原理、原料化学组成、配料计算结果、制备工艺、工艺制度、测试方法及有关数据、常规与微观特性检验的数据、图片或图表、试制经过及结论，并提出存在的问题。

第 29 节　实验 8-29　水泥熟料游离氧化钙测定

在水泥熟料煅烧过程中，没有与 SiO_2、Al_2O_3、Fe_2O_3 等氧化物反应形成矿物，而以生石灰形式存在的氧化钙称之为游离氧化钙，常用 f-CaO 表示。熟料中 f-CaO 质量分数反映了煅烧过程中化学反应的完全程度。f-CaO 越多，煅烧反应越不完全。经高温煅烧而呈致密状态的 f-CaO 称为死烧游离氧化钙，其水化很慢，易引起水泥安定性不良。在生产上，f-CaO 的质量分数是判断熟料质量和整个工艺过程是否完善、热工制度是否稳定的重要指标之一。

水泥熟料中 f-CaO 可用化学分析法、显微分析法和电导法进行分析。工厂常用甘油—乙醇法和电导法。本实验采用甘油—乙醇法测定水泥熟料中的 f-CaO 质量分数。

一、实验目的

（1）了解无水甘油—乙醇法测定水泥中 f-CaO 的原理。

（2）掌握测定水泥熟料中 f-CaO 的方法。

二、实验原理

熟料试样与甘油—乙醇溶液混合后，熟料中的石灰与甘油化合（MgO 不与甘油发生反应）生成弱碱性的甘油酸钙，并溶于溶液中，酚酞指示剂使溶液呈现红色。用苯甲酸（弱碱）—乙醇溶液滴定生成的甘油酸钙至溶液褪色。由苯甲酸的消耗量求出石灰质量分数。反应式为：

$$CaO + C_3H_8O_3 = C_3H_6CaO_3 + H_2O$$

$$C_3H_6CaO_3 + 2C_6H_5COOH = C_3H_8O_3 + Ca(C_6H_5COO)_2$$

在甘油—无水乙醇溶液中加入适量的氯化钡、硝酸锶或硝酸锶与氧化铝的混合物作为催化剂，能促进甘油钙更快生成。

三、实验设备和材料

（1）高温炉：最高温度不小于1000℃。

（2）电子天平：称量 200g，感量 0.1mg。

（3）标准方孔筛：80μm。

（4）玛瑙研钵、磁铁、电炉、回流冷凝管、干燥器、干燥锥形瓶、酸式滴定管等。

（5）氢氧化钠无水乙醇溶液（0.01mol/L）。

（6）苯甲酸无水乙醇标准溶液（0.1mol/L）。

（7）甘油无水乙醇溶液。

（8）分析纯无水乙醇、丙三醇、氢氧化钠、硝酸锶、苯甲酸；高纯碳酸钙；酚酞指示剂。

四、实验步骤

（1）试样制备：熟料细磨后，用磁铁吸出样品中的铁屑，然后装入带有磨口塞的广口瓶中，瓶口应密封。分析前将试样混合均匀，以四分法缩减至25g，然后取出5g放在玛瑙研钵中研磨至全部通过0.080mm方孔筛，再将样品混合均匀，放入干燥器中备用。

（2）准确称量0.5g试样，放入干燥的锥形瓶中，加入15mL甘油无水乙醇溶液，摇匀。装上回流冷凝管，在有石棉网的电炉上加热煮沸10min，至红色时取下锥形瓶，立即以0.1mol/L苯甲酸无水乙醇溶液滴定至微红色消失。再将冷凝管装上，继续加热煮沸至微红色出现，再取下滴定。如此反复操作，直至在加热10min后不再出现微红色为止。

五、实验结果

（1）试样中f-CaO的质量分数按式（8-29）计算：

$$\text{f-CaO} = \frac{T_{CaO}V}{1000m} \times 100\% \tag{8-29}$$

式中 T_{CaO}——每毫升苯甲酸无水乙醇标准滴定溶液相当于氧化钙的毫克数，mg/mL；

V——滴定时消耗苯甲酸无水乙醇标准滴定溶液的体积，mL；

m——试样的质量，g。

（2）每个试样应分别测定两次。当f-CaO质量分数小于2%时，两次结果的绝对误差应在0.20以内，如超出以上范围，需进行第三次测定，所得结果与前两次或任一次测定的结果之差值，符合上述规定时，则取其平均值作为测定结果。否则应查找原因，重新按上述规定进行测定。

（3）在进行f-CaO测定的同时，必须进行空白试验，并对f-CaO测定结果加以校正。

六、注意事项

（1）试样所用容器必须干燥，试剂必须是无水的，在试样保存期间，水与C_3S等矿物水化反应生产的$Ca(OH)_2$会使分析结果偏高。

（2）分析f-CaO的试样必须充分磨细至全部通过0.080mm方孔筛。因熟料中f-CaO除分布于中间体外，还有部分以矿物的包裹体存在，被包裹在A矿等矿物晶体内部。若试样较粗，这部分f-CaO将难以与甘油发生反应，将使测定时间拉长，测定结果偏低。此外，煅烧温度较低的欠烧熟料，f-CaO质量分数较高，但却较易磨细。因此，制备试样时，应把试样磨细过筛并混匀，不能只取其中容易磨细的试样进行分析，而把难磨的试样抛去。

（3）甘油无水乙醇溶液必须用0.01mol/L的NaOH溶液中和至微红色，使溶液呈弱碱性，以稳定生成的甘油酸钙。若试剂存放一定时间，吸收了空气中的 CO_2 等使微红色褪去时，必须再用 NaOH 溶液中和至微红色。

（4）甘油与游离石灰反应较慢，在甘油无水乙醇溶液中加入适量的硝酸锶可起催化剂作用。无水氯化钡、无水氯化锶也是有效的催化剂。甘油无水乙醇溶液中的乙醇是助溶剂，促进石灰与甘油酸钙的溶解。

（5）煮沸的目的是加速反应，但加热温度不宜太高，微沸即可，以防试剂飞溅。若在锥形瓶中放入几粒玻璃珠球，可减少试液的飞溅。

（6）甘油吸水能力强，煮沸后要抓紧时间进行滴定，防止试液吸水。每次煮沸尽可能充分些。尽量减少滴定次数。

（7）在工厂的常规控制中，为了简化计算，将试样称量固定（每次称量 0.5000g），而每次配制的苯甲酸无水乙醇标准溶液对氧化钙的滴定度 T_{CaO} 是已知值。此时，f-CaO 质量分数的计算公式可简化为：

$$\text{f-CaO} = 0.2T_{CaO}V \tag{8-30}$$

在新鲜水泥熟料中，石灰以氧化钙（CaO）状态存在，但在水泥中，部分 CaO 在粉磨过程或储存过程中吸收水汽变成氢氧化钙。用甘油—乙醇法测得的石灰量，实际上是氧化钙与氢氧化钙的总量。

七、思考题

（1）为什么要测定水泥熟料中的 f-CaO?

（2）水泥熟料中的 f-CaO 的测定原理是什么?

（3）在进行 f-CaO 测定的同时为什么要进行空白试验?

第 30 节　实验 8-30　水泥密度测定

粉体真密度是粉体材料的基本物性之一，是粉体粒度与空隙率测试中不可缺少的基本物性参数。此外，在测定粉体的比表面积时也需要粉体真密度的数据进行计算。许多无机非金属材料都采用粉状原料来制造，因此在科研或生产中经常需要测定粉体的真密度。对于水泥材料，其最终产品就是粉体，测定水泥的真密度对生产单位和使用单位都具有重要的实用意义。

一、实验目的

（1）了解粉体真密度的概念及其在科研与生产中的作用。

（2）掌握比重瓶法测定水泥真密度的原理及方法。

二、实验原理

材料密度分为真密度和体积密度。真密度的测定是依据阿基米德定律，测出材料的真实体积（材料的总体积减去气孔所占体积），用干燥状态的材料质量与材料的真实体积之比即为材料的真密度，常用单位 g/cm^3 表示。

粉体的真实密度测定即将一定质量的粉体，装入盛有与粉体不起反应液体的比重瓶内，根据粉体排开液体的体积即为粉体的真体积，除粉体的质量，即得粉体密度。

三、实验器材

（1）李氏比重瓶。李氏比重瓶容积为220~250cm^3，带有长180~200mm、直径约11mm的细颈，下面有鼓形扩大颈，颈部有体积刻度，颈部为喇叭形漏斗并有玻璃磨口塞，如图8-17所示。

（2）电热鼓风干燥箱。

（3）电子天平：称量200g，感量0.1g。

四、实验步骤

将水泥试样在（110±5）℃烘箱中中烘干1h，取出置于干燥器中冷却至室温。洗净比重瓶并烘干，将无水煤油注入比重瓶内至零点刻度线（以弯月面下弧为准），将比重瓶放入恒温水槽中，使整个刻度部分浸入水中（水温必须控制与比重瓶刻度时的温度相同），恒温30min，记下第一次液面体积V_1。取出比重瓶，用滤纸将比重瓶内液面上部瓶壁擦干。称取干燥水泥试样60.00g（准确至0.01g），用小勺慢慢装入比重瓶内，防止堵塞，将比重瓶绕竖轴摇动几次，排出气泡，盖上瓶塞后放入恒温水槽内，在相同温度下恒温30min，记下第二次液面的体积V_2。

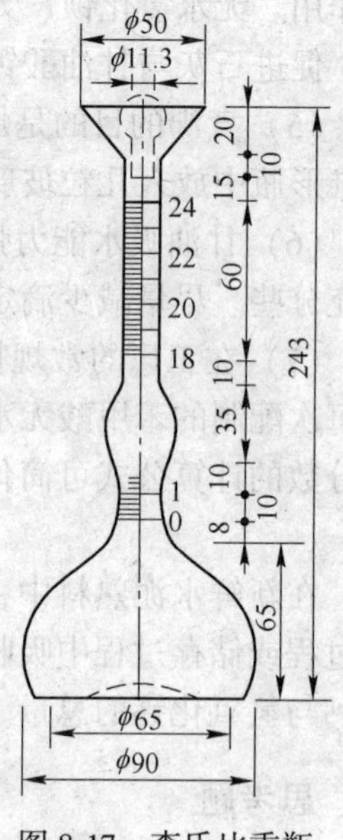

图8-17 李氏比重瓶

五、实验结果

（1）实验结果计算如下：

$$\gamma = \frac{m}{V_2 - V_1} \tag{8-31}$$

式中 γ——水泥密度，g/cm^3；

m——水泥试样质量，g；

V_1——装入水泥试样前比重瓶内液面读数，mL；

V_2——装入水泥试样后比重瓶内液面读数，mL。

（2）密度值应以两次实验结果平均值为准，精确至0.01g/cm^3，两次实验结果误差不得超过0.02g/cm^3。

（3）注意事项。测定前一定要将比重瓶洗净并烘干。在加样过程中，如发生堵塞等现象，不准用铁丝等任何尖状物深入瓶内。在加样过程中不得将样品散落到瓶外。

六、思考题

（1）水泥密度实验时为什么用无水煤油？

（2）密度实验时，为什么两次读数前要将比重瓶在恒温水槽中恒温30min？

第31节　实验8-31　水泥细度测定

一、实验目的

(1) 了解测定水泥细度的意义。

(2) 掌握筛析法检验水泥细度的方法。

二、实验原理

水泥细度就是水泥的分散度，是水泥厂用来做日常检查和控制水泥质量的重要参数。水泥细度的检验方法有筛余百分数法、比表面积测定法、颗粒平均直径与颗粒组成的测定等方法。目前我国普遍采用的是筛余百分数法和比表面积测定法（实验8-32）两种方法。

筛余百分数法就是让待测的水泥通过一定孔径的筛子，然后称量筛余的质量，通过计算筛余的质量占水泥总质量分数即可求得筛余百分数，有手工干筛法、水筛法和负压筛法三种。本实验按照GB/T 1345—2005进行，国家标准对水泥细度的品质指标，采用0.08mm方孔筛筛余百分数表示。

三、实验方法

（一）手工干筛法

(1) 仪器设备：

1) 天平：最大称量为100g，精度0.01g。

2) 试验筛：采用方孔边长0.08mm的铜丝网筛布，筛框有效直径ϕ150mm，高50mm。筛布应紧绷在筛框上，接缝必须严格，并附有筛盖。

(2) 操作步骤：称取试样50g，倒入筛内。用一只手执筛往复摇动，另一只手轻轻拍打，拍打速度约为120次/min，每40次向同一方向转动60°，使试样均匀分布在筛网上，直至每秒通过试样量不超过0.05g为止。称量筛余物，计算出筛余百分数。

(3) 注意事项：

1) 水泥样品应充分均匀，通过0.08mm方孔筛，记录筛余物情况，要防止过筛时混进其他水泥。

2) 干筛时，要注意使水泥样品均匀地分布在筛布上。

3) 筛子必须经常保持干燥、洁净，定期检查、校正。

（二）水筛法

(1) 仪器设备：

1) 天平：最大称量为100g，精度0.01g。

2) 试验筛：采用方孔边长0.08mm的铜丝网筛布，筛框有效直径ϕ125mm，高80mm。

3) 筛座：用于支撑筛子，并能带动筛子转动，转速为50r/min。

4) 喷头：直径ϕ55mm，面上均匀分布90个孔，孔径0.5~0.7mm，安装高度为喷头底面和筛网之间距离为35~75mm。

（2）操作步骤：称取试样 50g，置于洁净的水筛中，立即用淡水冲洗至大部分细粉通过后（冲洗时要将筛子倾斜摆动，既要避免放水过大，将水泥溅出筛外，又要防止水泥铺满筛网，使水通不过筛子），放在水筛架上，用水压为 0.05±0.02MPa 的喷头连续冲洗 3min。筛毕，用少量水把筛余物冲到蒸发皿（或烘样盘）中，等水泥颗粒全部沉淀后，小心倒出清水，烘干，并用天平称量筛余物，然后计算出筛余百分数。

（3）注意事项：

1）水泥样品应充分拌匀，通过 0.08mm 方孔筛，记录筛余物情况，要防止过筛时混进其他水泥。

2）冲洗压力必须保证在 0.05±0.02MPa，否则会使结果不准。

3）冲洗时试样在筛子中要分布均匀。

4）水筛筛子应保持洁净，定期检查校正。

5）要防止喷头孔眼堵塞。

（三）负压筛法

（1）仪器设备：

1）天平：最大称量为 100g，精度 0.01g。

2）负压筛析仪：总高 38mm，筛布至上口高 25mm，筛布处直径 142mm，外径 160mm，有透明筛盖，筛盖和筛上口应有良好的密封性。由筛座、负压筛、负压源及收尘器组成，其中筛座（见图 8-18）由转速为 30±2r/min 的喷气嘴、负压表、控制板、微电极和壳体等构成。筛析仪负压可调范围为 4000～6000Pa。喷器嘴上口平面与筛网之间距离为 2～8mm，负压源和收尘器由功率大于 600W 的工业收尘器和小型旋风收尘筒组成或用其他具有相当功能的设备组成。

3）试验筛：采用方孔边长 0.08mm 的铜丝网筛布，筛框上口直径为 ϕ150mm，下口直径为 ϕ142mm，高 25mm。

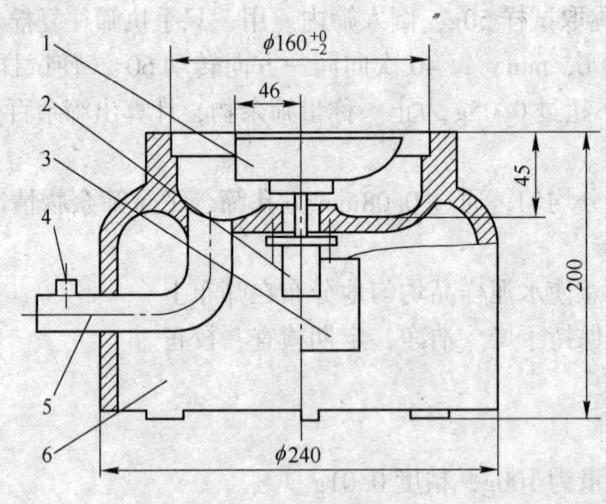

图 8-18　筛座

1—喷气嘴；2—微电机；3—控制板开口；4—负压表接口；5—负压源及收尘器接口；6—壳体

（2）操作步骤：称取试样 25g，置于洁净的负压筛中，盖上筛盖，放在筛座上，开动筛析仪，检查控制系统调节负压至 4000～6000Pa 范围内，连续筛析 2min。在此期间如有试样附在筛盖上，可轻轻敲击，使试样落下。筛毕，用天平称量筛余物，计算筛余百分数。

（3）注意事项：

1）筛析实验前，应把负压筛放在筛座上，盖上筛盖，接通电源，检查控制系统，调节负压至 4000~6000Pa 范围内。

2）负压筛析工作时，应保持水平，避免外界震动和冲击。

3）试验前要检查被测样品，不得受潮、结块或混有其他杂质。

4）每次做完一次筛析实验，应用毛刷清理一次筛网，其方法是用毛刷在试验筛的正、反两面刷几下，清理筛余物，但每个实验后在试验筛的正反面刷的次数应相同，否则会大大影响筛析结果。

5）如果连续使用时间过长（一般超过 30 个样品时），应检查负压值是否正常，如不正常，可将吸尘器卸下，打开吸尘器将筒内灰尘和过滤布袋上附着的灰尘等清理干净，使负压恢复正常。

四、结果计算

水泥试样筛余百分数按下式计算：

$$F = \frac{R_s}{W} \times 100\% \tag{8-32}$$

式中　F——水泥试样筛余百分数，%；

R_s——水泥试样筛余质量，g；

W——水泥试样质量，g。

结果计算至 0.1%。为了使实验结果具有可比性，可采用实验筛修正系数方法修正计算结果。修正系数的测定必须按标准规定的方法进行。

五、思考题

（1）水泥的细度对水泥的水化有何影响？

（2）水泥的细度对水泥的生产有何影响？

第 32 节　实验 8-32　水泥比表面积测定

单位质量的粉体所具有的总表面积称为比表面积。比表面积是物体的基本物性之一，可以通过测定粉体的表面积求得其粒度。粉体有非孔结构和多孔结构两种特征，因此粉体的表面积有外表面积和内表面积两种。粉体比表面积的测定方法有勃氏透气法、气体吸附法。理想的非孔性结构的物料只有外表面积，一般用透气法测定。对于多孔性结构的粉料，除有外表面积外还有内表面积，一般多用气体吸附法测定。

一、实验目的

（1）了解透气法测定粉体比表面积的原理。

（2）掌握勃氏法测粉体比表面积的方法。

（3）利用实验结果正确计算试样的比表面积。

二、实验原理

实验原理是采用一定量的空气，透过具有一定空隙率和一定厚度的压实粉层时所受的阻力不同而进行测定。

(一) 达西法则

当流体（气体或液体）在 t 秒内透过含有一定空隙率、断面积为 A、长度为 L 的粉体层时，其流量 Q 与压力降 Δp 成正比（达西法则），即：

$$\frac{Q}{A_t} = B\frac{\Delta p}{\eta L} \tag{8-33}$$

式中 η——流体的黏度系数；

B——与构成粉体层的颗粒大小、形状、填充物的空隙率等有关的常数，称为比透过度或透过度。

柯泽尼（Kozeny）把粉体当作毛细血管的集合体来考虑，用泊肃叶（Poiseuille）法则将黏性流动的透过度导入规定的理论公式。卡曼（Carman）研究了 Kozeny 公式，发现关于各种粒状物质充填层的透过性的实验与理论很一致，并导出了粉体的比表面积与透过度 B 的关系式：

$$B = \frac{g}{KS_V^2} \times \frac{\varepsilon^3}{(1-\varepsilon)^2} \tag{8-34}$$

式中 g——重力加速度；

ε——粉体层的孔隙率；

S_V——单位容积粉体的表面积，cm^2/cm^3；

K——柯泽尼常数，与粉体层中流体通路的“扭曲”有关，一般定为5。

从式（8-33）和式（8-34）得出：

$$S_V = \rho S_W = \frac{\sqrt{\varepsilon^3}}{\sqrt{1-\varepsilon}}\sqrt{\frac{g}{5} \times \frac{\Delta p A_t}{\eta L Q}} \tag{8-35}$$

$$S_W = \frac{\sqrt{\varepsilon^3}}{\rho(1-\varepsilon)}\sqrt{\frac{g}{5} \times \frac{\Delta p A_t}{\eta L Q}} \tag{8-36}$$

$$S_W = \frac{\sqrt{\varepsilon^3}}{\rho(1-\varepsilon)} \times \frac{\sqrt{t}}{\sqrt{\eta}} \times \sqrt{\frac{g}{5} \times \frac{A\Delta p}{LQ}} \tag{8-37}$$

式中，$\varepsilon = 1 - \frac{W}{\rho A L}$；对于一定的比表面积透气仪，仪器常数 $K = \sqrt{\frac{g}{5} \times \frac{A\Delta p}{LQ}}$。

上式称为柯泽尼—卡曼公式，它是透过法的基本公式。式中，S_W 是粉体的质量比表面积；ρ 是粉体试样的质量。由于 η、L、A、ρ、W 是与试样及测定装置有关的常数，所以，只要测定 Q、Δp 及时间 t 就能求出粉体试样的比表面积。

(二) 测试方法

根据透过介质的不同，透过法分为液体透过法和气体透过法，而目前测定粉体比表面积使用最多的是气体（空气）透过法。该方法的种类很多，根据使用仪器不同分别有：前苏联的托瓦洛夫式 T-3 型透气仪、英国的 Lea-Nurse 透过仪、日本荒川-水渡的超微粉体测定仪、美国弗歇尔式的平均粒度仪、美国勃莱恩式的勃氏透气仪（该装置由于透过粉体层的空气容积是固定的，故称为恒定容积式透过仪）等。其中，勃氏透气仪在国际中较为通用，在国际交往中，水泥比表面积一般都采用勃莱恩（Blaine）数值。

（三）仪器工作原理

如图 8-19 所示为 Blaine 透气仪示意图，如图 8-20 所示为 DBT-127 型电动勃氏透气比表面积仪（Blaine 透气仪）的结构及主要尺寸。测定时先使用试样粉体形成空隙率一定的粉体层，然后抽真空，使 U 形管压力计右边的液柱上升到一定的高度。关闭活塞后，外部空气通过粉体层使 U 形管压力计右边的液柱下降，测出液柱下降一定高度（即透过的空气容积一定）所需的时间，即可求出粉体试样的比表面积。

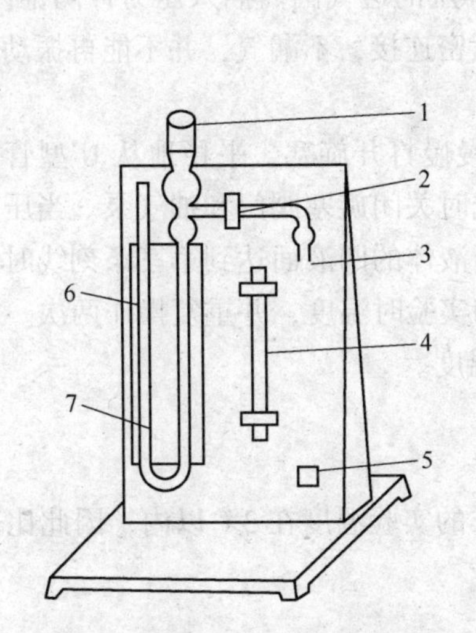

图 8-19　电动勃氏透气比表面积仪

1—透气圆筒；2—活塞；3—接电磁泵；4—温度计；5—开关；6—平面镜；7—U 形管压力计

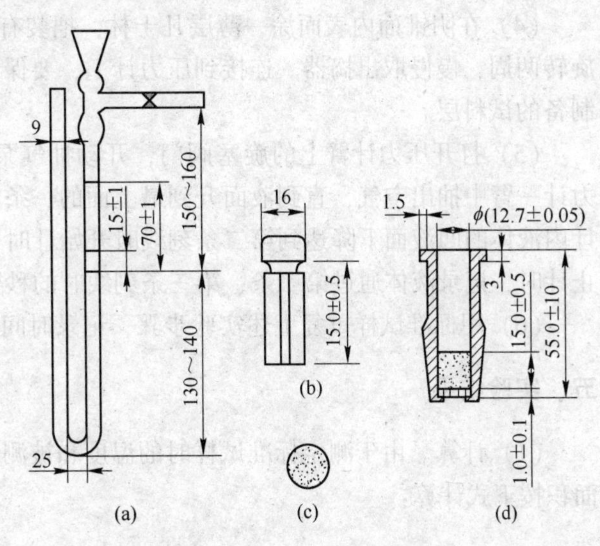

图 8-20　比表面积仪结构和主要尺寸

（a）U 形压力计；（b）捣器；（c）穿孔板；（d）透气圆筒

三、实验设备和材料

（1）DBT-127 型电动勃氏透气比表面积仪（见图 8-19）；

（2）计时秒表、滤纸、烘干箱、分析天平、压力计液体、标准试样等。

四、实验步骤

（1）检查仪器的气密性：将透气圆筒上口用橡皮塞塞紧，接入压力计阴锥，用抽气泵从压力计一臂中抽出部分液体，然后关闭阀门，观察液面如有任何连续下降，表示系统内漏气，寻找原因，加以处理，多数需用活塞油脂加以密封。

（2）试样准备：水泥试样应先通过 0.9mm 的方孔筛，再在（110±5)℃下烘干 1h，冷却至室温。按已标定的圆筒体积、试样密度和空隙率，计算试样量。试样用量计算式为：

$$W = \rho V(1-\varepsilon) \qquad (8\text{-}38)$$

式中　W——需要的试用量，g；

ρ——试样密度，g/cm³；

V——试料层体积，cm^3；

ε——试料层空隙率（试料层中颗粒间空隙的容积与试料层总的容积之比）。

例如测定的是 CA-80 水泥，则：$\rho=3.482g/cm^3$，$\varepsilon=0.52$，$V=1.855cm^3$，所以 $W=3.100g$。

（3）试料层制备：将穿孔板放入透气圆筒的突缘上，带记号的一面向下，用推杆把一片滤纸送到穿孔板上，边缘压紧。将已称取的试样（例如 CA-80 水泥为 3.100g）倒入圆筒。轻敲圆筒的边，使水泥层表面平坦，再放入一片滤纸至试样层表面，用捣器插入圆筒均匀捣实试样直至捣器的扶持环紧紧接触圆筒顶边。旋转两周，慢慢取出捣器，制备试样，应将透气圆筒插在筒座上进行。

（4）在阴锥面内表面涂一薄层凡士林，把装有试样层的透气圆筒插入压力计阴锥内，旋转两周，慢慢取出捣器。连接到压力计上，要保证紧密连接，不漏气，并不能再振动所制备的试料层。

（5）打开压力计臂上的旋塞阀门，开动抽气泵，慢慢打开旋塞，平稳地从 U 型管压力计一臂中抽出空气，直到液面升到最上面的一条刻线时关闭旋塞阀门和抽气泵。当压力计内液体的凹液面下降达到第二条刻线时开始计时，当液体的凹液面达到第三条刻线时停止计时，记录液体通过第二条、第三条刻线时的秒数和实验时温度，并重复操作两次。

（6）用标准试样重复上述实验步骤，记录时间和温度。

五、实验结果

（1）计算。由于测定标准试样时的温度和被测试样的实验温度在 3℃以内，因此比表面积按下式计算：

$$S=\frac{S_s\sqrt{t}\,(1-\varepsilon_s)\,\sqrt{\varepsilon^3}\,\rho_s}{\sqrt{t_s}\,(1-\varepsilon)\,\sqrt{\varepsilon_s^3}\,\rho} \tag{8-39}$$

式中　S——被测试样的比表面积，cm^2/g；

S_s——标准试样的比表面积，cm^2/g；

t_s，ε_s——标准试样测定的时间和空隙率；

t，ε——被测试样测定的时间和空隙率。

（2）简化公式。对于 CA-80 水泥而言，其简化经验公式为：

$$S=\frac{4.8282\sqrt{T}}{\sqrt{\eta}} \tag{8-40}$$

式中　S——被测试样的比表面积，cm^2/g；

T——实验室温度，℃；

η——空气黏度，Pa·s。

其在不同温度下的空气黏度 η 和 $\sqrt{\eta}$ 列于表 8-8 中，水泥试样比表面积应由两次透气实验结果的平均值确定。如果两次实验结果相差 2%以上时，应重新实验。计算应精确到 $10cm^2/g$，$10cm^2/g$ 以下的数值按四舍五入计。以 $10cm^2/g$ 为单位算得的比表面积值换算为 m^2/kg 为单位的比表面积值，需乘以系数 0.10。

表 8-8　在不同温度下的空气黏度 η 和 $\sqrt{\eta}$

室温 T/℃	空气黏度 η/Pa·s	$\sqrt{\eta}$
8	0.0001749	0.01322
10	0.0001759	0.01326
12	0.0001768	0.01330
14	0.0001778	0.01333
16	0.0001788	0.01337
18	0.0001798	0.01341
20	0.0001808	0.01345
22	0.0001818	0.01348
24	0.0001828	0.01352
26	0.0001838	0.01355
28	0.0001847	0.01359
30	0.0001857	0.01363
32	0.0001867	0.01366
34	0.0001876	0.01370

(3) 结果分析。用透气法测定比表面积的主要缺点是在计算公式推导中引入了一些实验常数和假设。空气通过粉体层使粉体颗粒做相对运动，粉体的表面形状、颗粒的排列、空气分子在颗粒孔壁之间的滑动等都会影响比表面积测定结果，但这些因素在计算公式中均没有考虑。对于低分散的试料层，气体通道空隙比较大，上述因素影响较小，测定结果比较准确；但对于高分散度的物料，空气通道孔径较小，上述因素影响增大，用透气法测得的结果偏低。物料越细，偏低越多。因此，测定高分散度物料的比表面积，特别是多孔件物料的比表面积，可以用低压透气法和吸附法。

六、思考题

(1) 透气法测定比表面积的原理是什么？
(2) 影响透气法测定结果的因素有哪些？
(3) 透气法测定比表面积前为什么要进行检漏，如有漏气应如何处理？

第 33 节　实验 8-33　水泥标准稠度用水量测定

胶凝材料是在物理、化学作用下，能从浆体变成坚固的石状体，并能胶结其他材料，制成有一定机械强度的复合固体的物质。和水后浆体既能在空气中硬化，又能在水中硬化的胶凝材料称为水硬性胶凝材料。这类材料统称为水泥，如硅酸盐水泥、铝酸盐水泥、硫铝酸盐水泥等。水泥加水混合后形成塑形浆体，混合时的用水量对浆体的凝结时间及硬化后体积变化的稳定性有较大的影响。测定水泥的标准稠度用水量、凝结时间、安定性对工程施工过程及施工质量有重要意义。

水泥净浆标准稠度是为使水泥凝结时间、体积安定性等的测定具有准确的可比性而规定的，在一定测试方法下达到统一规定的稠度。达到这种稠度时用水量为标准稠度用水量。通过本实验测定水泥净浆达到标准稠度时的用水量，作为水泥的凝结时间、安定性试验用水量的标准。

一、实验目的

（1）了解水泥标准稠度、标准稠度用水量的概念。

（2）测定水泥净浆达到标准稠度时的用水量。

（3）分析标准稠度用水量对水泥凝结时间、体积安定性等的影响。

二、实验原理

通过实验不同含水量水泥净浆的穿透性，以确定水泥标准稠度净浆中所需要加入的水量。水泥标准稠度用水量的测定有调整水量和固定水量两种方法，如有争议时以调整水量法为准。

（1）调整水量法。通过改变拌和水量，找出使拌制成的水泥净浆达到特定塑性状态所需要的水量。当一定质量的标准试锥（杆）在水泥净浆中自由降落时，净浆的稠度越大，试锥（杆）下沉的深度（S）越小。当试锥（杆）下沉深度达到固定值 $S=28\pm2$mm 时，净浆的稠度即为标准稠度，此时 100g 水泥净浆的调水量即为标准稠度用水量（P）。

（2）固定水量法。当不同需水量的水泥用固定水灰比的水量调制净浆时，所得到的净浆稠度必然不同，试锥（杆）在净浆中下沉的深度也会不同。根据净浆标准稠度用水量与固定水灰比时试锥（杆）在净浆中下沉深度的相互关系统计公式，用试锥（杆）下沉深度算出水泥标准稠度用水量，也可在水泥净浆标准稠度仪上直接读出标准稠度用水量（P）。

三、实验设备

（1）水泥标准稠度与凝结时间测定仪，如图 8-21 所示。滑动部分的总质量为 300±1g，主要包括试杆（有效长度为 50±1mm、直径为 ϕ10. 00±0. 05mm）、初凝试针、终凝试针、盛装水泥净浆的试模（底内径为 75mm、顶内径为 65mm、高 40mm）、平板玻璃底板（厚度不小于 2. 5mm）。

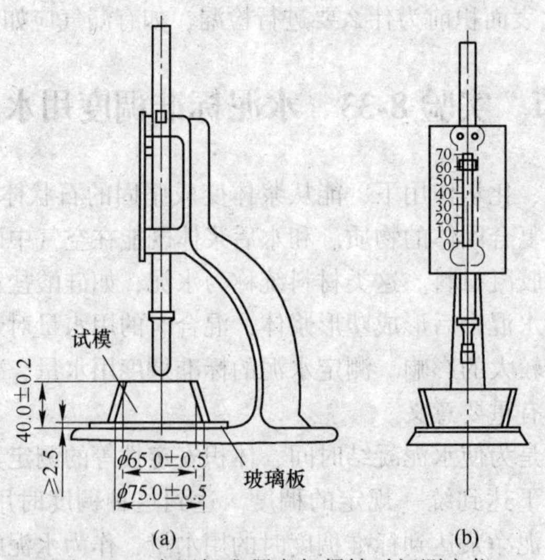

图 8-21　水泥标准稠度与凝结时间测定仪

（a）初凝时间测定用立式试模的侧视图；（b）终凝时间测定用反转试模的前视图

（2）水泥净浆搅拌机：主要由搅拌锅、搅拌叶片、传动机构和控制系统组成。搅拌叶片在搅拌锅内作与旋转方向相反的公转和自转，并可在竖直方向调节。搅拌锅可以升降，传动结构保证搅动叶片按规定的方向和速度运转，控制系统具有按程序自动控制与手动控制两种功能。搅拌时叶片与锅底、锅壁的最小间隙为 1~3mm。

四、实验步骤

（1）实验前必须检查仪器金属杆应能自由滑动，试杆至试模顶面位置时，指标应对准标尺零点，搅拌机应运转正常。

（2）搅拌锅和搅拌叶片先用湿布擦拭，先将锅放到搅拌机锅座上，升至搅拌位置，然后将称好的 500g 水泥试样置于搅拌锅内。启动机器，同时徐徐加入拌和水。慢速搅拌 120s，停拌 15s，接着快速搅拌 120s 后停机。搅拌用水量可采用固定水量法和调整水量法。固定水量法为 142. 5mL，精准到 0. 5mL；调整水量法按经验找水。

（3）调整水泥净浆稠度仪的零点。

（4）搅和完毕，立即将水泥净浆一次装入已置于玻璃底板的试模中，用小刀插捣，并振动数次，刮去多余净浆，抹平后，迅速放到试杆下面的固定位置上。将试杆降至净浆表面，拧紧螺丝 1~2s 后，然后突然放松，让试杆自由沉入净浆中，到试杆停止下沉或释放试杆 30s 时，记录试杆下沉的深度。整个操作应在搅拌后 1. 5min 内完成。

考虑我国具体情况，水泥净浆标准稠度用水量也可以用试锥法进行测定。

五、实验结果与分析

（1）用调整水量法测定时，以试杆下沉深度为 28±2mm 时的净浆为标准稠度净浆，其拌和水量为该水泥的标准稠度用水量（P），以水泥质量分数计。

$$P = \frac{V}{M} \times 100\% \tag{8-41}$$

式中　P——标准稠度用水量,%；

V——拌和用水量，mL；

M——水泥质量，g。

如下沉深度超出范围，需另称试样，调整水量，重做实验，直到达到 28±2mm 时为止。

（2）用固定水量方法测定时，根据测得的试杆下沉深度 S(mm) 可按经验式（8-42）计算标准稠度用水量 P(%)。

$$P = 33.4 - 0.185S \tag{8-42}$$

当试杆下沉深度 $S<13$mm 时，应改用调整水量方法测定。

当采用两种方法所测得的标准稠度用水量发生争议时，以调整水量法为准。

六、思考题

在测定水泥的标准稠度用水量中应注意哪些问题？

第34节 实验8-34 水泥净浆凝结时间测定

水泥从加水到开始失去流动性所需要的时间称为凝结时间。凝结时间的快慢直接影响混凝土的浇灌和施工进度。测定水泥达到初凝和终凝所需的时间可以评定水泥的可施工性，为现场施工提供参数。

一、实验目的

（1）了解水泥初凝和终凝的概念。

（2）测定水泥的凝结所需要的时间。

（3）分析凝结时间对施工质量的影响。

二、实验原理

水泥凝结时间用净浆标准稠度与凝结时间测定仪测定。当试针在不同凝结程度的净浆中自由沉落时，试针下沉的速度随凝结程度的提高而减少。根据试针下沉的深度就可判断水泥的初凝和终凝状态，从而确定初凝时间和终凝时间。

三、实验设备

（1）标准稠度与凝结时间测定仪及其试模、试针。

（2）水泥标准养护箱（温度控制在20±1℃，湿度大于90%）。

四、实验步骤

（1）将试模内侧稍涂上一层油，调整凝结时间测定仪的试针接触玻璃板时指针应对准标尺零度。

（2）水泥净浆的控制。称取水泥500g，放入已用湿布擦拭过的搅拌锅中，将锅安装在搅拌基座上，升起至搅拌位置，启动机器，徐徐加入以标准稠度用水量量取的水，并同时计时。制成标准稠度净浆后，立即一次装入试模，用小刀插捣，振动数次，刮平，立即放入水泥标准养护箱内。记录水泥全部加入水中的时间作为凝结的起始时间。

（3）试件在湿气养护箱中养护至加水80min时进行第一次测定。

（4）测定时，从养护箱中取出试模放到试针下，降低试针与净浆面接触，拧紧螺丝1~2s后突然放松，使试针自由地沉入净浆，观察试针停止下沉或释放试针30s时指针的读数。当试针沉入净浆中距底板4±1mm时，为水泥达到初凝状态。最初测定时应轻轻扶持金属棒，使试针徐徐下降，以防撞弯，但结果以自由下落为准；在整个测试过程中试针贯入的位置至少要距试模内壁10mm。临近初凝时，每隔5min测定一次。每次测试完毕应将试针擦净并将试模放回湿气养护箱内，测定全过程中要防止试模受到振动。

（5）在完成初凝时间测定后，立即将试模连同浆体平移的方式从玻璃板上取下，翻转180°，直径大端向上、小端向下放在玻璃板上，再放入湿气养护箱中继续养护。临近终凝时，每隔15min测定一次。为了准确观测试针的沉入状况，在终凝针上安装一个环形附件。当试针沉入0.5mm时，即环形附件开始不能在试体上留下痕迹时，为水泥达到终凝状态。

到达初凝或终凝状态时应立即重复测一次，当两次结论相同时才能定位达到初凝或终凝状态。

五、实验结果

（1）由水泥全部加入水中至试针沉入净浆中距底板 1~4mm 时，所需时间为水泥的初凝时间，单位为 min。

（2）由水泥全部加入水中至终凝状态时所需的时间为水泥的终凝时间，单位为 min。

六、思考题

如果所测定得硅酸盐水泥初凝时间小于 45min 或者终凝时间大于 6.5h，应如何调整水泥生产的配料？

第 35 节　实验 8-35　水泥安定性测定

反映水泥硬化后体积变化均匀性的指标称为水泥安定性。在水泥和水后的硬化过程中，一般都会发生体积变化。如果这是因为水泥中的某些有害成分的作用，则水泥、混凝土硬化后，在水泥石内部会产生剧烈的不均匀体积变化，使建筑物混凝土内产生破坏应力，导致建筑物强度下降。若破坏应力超过建筑物的强度，就会引起建筑物开裂、崩溃、倒塌等严重事故，所以测定水泥安定性十分重要。

安定性的测定有雷氏夹法（标准法）和试饼法（代用法）两种。雷氏夹法是测定水泥净浆在雷氏夹中煮沸后的膨胀值来检验水泥的体积安定性。试饼法是通过观察水泥净浆试饼煮沸后的外形变化来检验水泥的体积安定性。如有争议时以雷氏夹法为准。

一、实验目的

（1）了解水泥体积安定性的概念。

（2）学习水泥体积安定性的测试方法。

（3）分析影响水泥体积安定性的因素。

（4）检验水泥硬化后体积变化是否均匀，是否因变化而引起膨胀、裂缝或翘曲现象。

二、实验原理

不论是雷氏夹法还是试饼法，其实质都是通过观察水泥净浆试体煮沸后的外形变化来检验水泥的体积安定性，基本原理是一样的。

水泥中游离氧化钙在常温下水化速率缓慢，随着温度的升高，水化速率加快。预养后的水泥净浆试件经 3h 煮沸后，绝大部分游离氧化钙已经水化。由于游离氧化钙水化产生体积膨胀，因此对水泥安定性产生影响。根据煮沸后试件膨胀值或试饼变形情况即可判断水泥安定性是否合格。

三、实验仪器及药品

（1）LD-50 雷氏夹膨胀值测定仪：由支架、标尺、底座等零件组成，如图 8-22 所示。雷氏夹由铜质材料制成，其结构如图 8-23 所示。

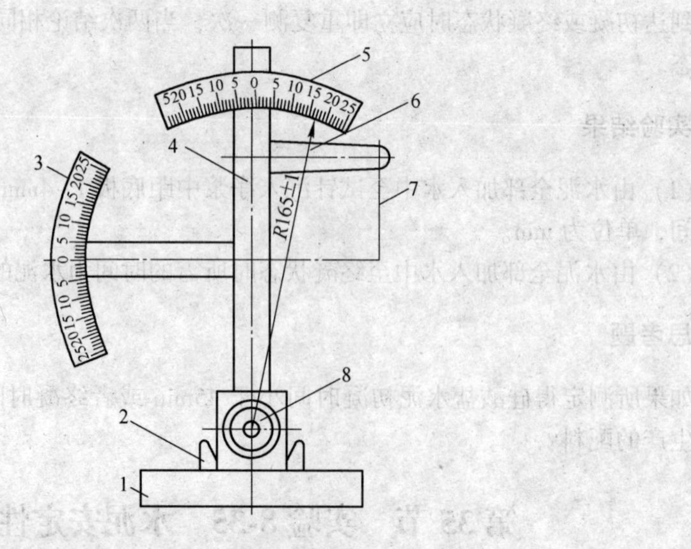

图 8-22　雷氏夹膨胀值测定仪

1—底座；2—模子座；3—测弹性标尺；4—立柱；5—测膨胀值标尺；6—悬臂；7—悬丝；8—弹簧顶钮

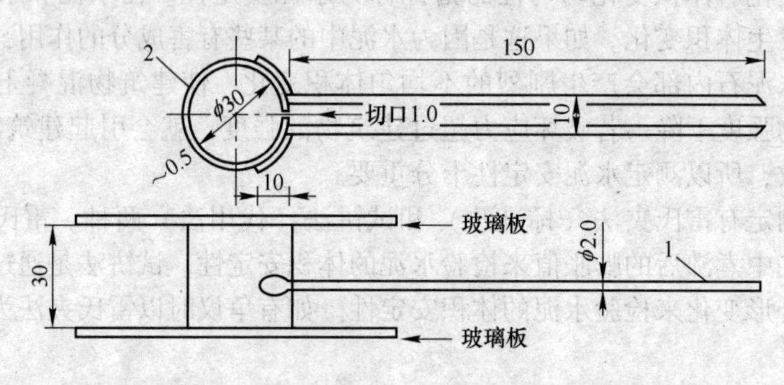

图 8-23　雷氏夹结构

1—指针；2—环模

（2）煮沸箱：主要由箱盖、内外箱体、箱箅、保温层、管状加热器、管接头、铜热水嘴、水封槽、罩壳、电气箱等组成。FZ-31 型煮沸箱如图 8-24 所示。

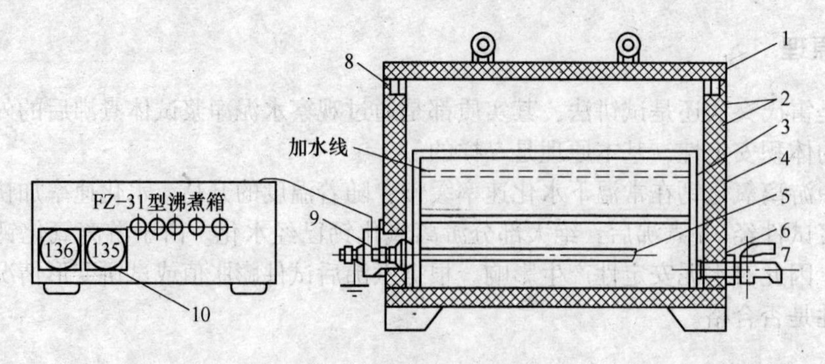

图 8-24　煮沸箱结构

1—箱盖；2—内外箱体；3—箱箅；4—保温层；5—管状加热器；
6—管接头；7—铜热水嘴；8—水封槽；9—罩壳；10—电器箱

四、实验步骤

水泥安定性测定有雷氏夹法和试饼法两种方法，其实验步骤分述如下。

（一）雷氏夹法（标准法）

（1）测定前的准备工作：每个雷氏夹都需配备质量为75~80g的玻璃两块，每个试样都需成型两个试件。凡与水泥净浆接触的玻璃板和雷氏夹表面都要稍稍涂上一层油。

（2）水泥标准稠度净浆的制备：按标准稠度用水量加水，按水泥净浆拌制规定操作方法制成标准稠度净浆。

（3）试件的准备方法：将预先准备好的雷氏夹放在已稍稍涂上一层油的玻璃板上，并立即将已制备好的标准稠度净浆装满试模。装模时一只手轻轻扶持试模，向下压住雷氏夹的两根指针的焊接点处。另一只手用宽约10mm的刀具均匀地插捣15次左右，插到雷氏夹试模高度的2/3即可，然后刮平，刮平时应从浆体中心向两边刮，最多不超过6次。盖上稍稍涂油的玻璃板，接着立即将试模移至湿气养护箱内，养护24h。

（4）沸煮：

1）沸煮前，事先调整好沸煮箱内的水位，使其能保证在整个沸煮过程中都没过试件，不要中途添补实验用水，同时又保证能在30min内升温至沸腾。

2）脱去玻璃板，取下试件，先测量试件雷氏夹的指针尖端间的距离（A），将带试件的雷氏夹放在膨胀值测量仪的垫块上，指针朝上。放平后在指针尖端的标尺上读数，精确到0.5mm。

3）接着将试件放入水中箅板上，雷氏夹的指针朝上，试件之间互不交叉，然后在30min内升温至沸腾，并恒沸3h。

（二）试饼法（代用法）

（1）测定前的准备工作：每个试样需准备两块100mm×100mm的玻璃板。每个试样需成型两个试件，与水泥净浆接触的玻璃板表面要稍稍涂上一层油。

（2）水泥标准稠度净浆的制备：称取水泥试样400g，以标准稠度用水量加水，按水泥净浆拌制规定的操作方法制成标准稠度净浆。

（3）试件的准备方法：将已制备好的标准稠度净浆取出约150g，分成两等份，分别放在预先准备好的玻璃板上，并用湿布擦过的刀具由边缘向中间抹动，做成直径70~80mm、中心厚约10mm、边缘渐薄、表面光滑的试饼，接着将试饼放入湿气养护箱内，自成型起，养护24h。

（4）沸煮：

1）沸煮前，事先调整好沸煮箱内的水位，使其能保证在整个沸煮过程中都没过试件，不要中途添补实验用水，同时又保证能在30min内升温至沸腾。

2）脱去玻璃板，取下试样。

3）首先检查试饼是否完整，如试饼有弯曲、崩溃、裂纹（开裂、翘曲）现象时，要查明原因，若确实无其他原因时，该试饼已属于不合格，则不必沸煮。在经检查过的试饼没发现任何缺陷的情况下，方可将试饼放在沸煮箱的水中箅板上。然后在30min内升温至沸腾，并恒沸3h。

五、实验结果

（1）雷氏夹法。沸煮结束后，即放掉沸煮箱中的水，打开水箱盖，待箱体冷却到室温，取出试样，测量雷氏夹指针尖端间的距离（*C*），记录至小数点后一位，然后计算膨胀值。

当两个试件沸煮后所增加的距离（*C*-*A*）值大于4.0mm时，应用同一样品立即重做一次实验。再如此，则认为该水泥不合格。

当两个试件沸煮后所增加的距离（*C*-*A*）的平均值不大于5.0mm时，即认为该水泥安定性合格。

（2）试饼法。沸煮结束后，即放掉沸煮箱中的水。打开水箱盖，待箱体冷却到室温，取出试样。目测试样，若未发现裂缝，再用直尺检查也没有弯曲时，为安定性合格，反之为不合格。当两个试饼判别有矛盾时，安定性为不合格。

六、思考题

经过实验若水泥的体积安定性不良，试述其产生的原因。

第36节　实验8-36　水泥胶砂强度测定

水泥强度是指水泥试件在单位面积上所承受的外力，它是水泥的主要性能指标。水泥又是混凝土的重要胶结材料，故水泥强度也是水泥胶结力的体现，是混凝土强度的主要来源。用不同方法检验，水泥强度值也不同。水泥强度是水泥质量分级标准和水泥标号划分的主要依据。

水泥强度目前按照国家标准《水泥胶砂强度检验方法（IOS法）》（GB/T 17671—1999）进行检验。该标准适于硅酸盐水泥、普通硅酸盐水泥、矿渣硅酸盐水泥、粉煤灰硅酸盐水泥、复合硅酸盐水泥、石灰石硅酸盐水泥的抗折与抗压强度检验。

一、实验目的

（1）了解水泥标号的划分情况。

（2）掌握水泥胶砂强度检验方法。

二、实验仪器

（1）双叶片式胶砂搅拌机。搅拌叶和搅拌锅作相反方向转动。锅的内径为195mm，深度为150mm，叶片轴心与锅中心偏心距为锅内径的1/6。叶片和锅壁、锅底间隙均为1.5±0.5mm。搅拌锅负载下转速为65±3r/min，搅拌叶负载下转速为137±6r/min。胶砂搅拌机必须符合《行星式水泥胶砂搅拌机》（JC/T 681—2005）的规定。

（2）胶砂振动台如图8-25所示，台面为360mm×360mm，装有卡具，振动频率为每分钟2800~3000次，台面放空试模时中心振幅为0.85mm×0.05mm。装有制动器，能使电动机停后5s内停止转动。

基准方法中使用振实台，也可用振动台代用，当代用后结果有异议时以基准方法为准。本实验采用振动台。由装有两个对称偏心轮的 0.25kW 电动机产生震动，其频率为 2800～3000 次/min，台面放上空试模时中心振幅为 0.85±0.50mm。振动部分包括电动机、台面、卡具与拉杆，总质量为 32.5±0.5kg。振动台面积为 360mm×360mm。台面上装有夹具将试模与下料漏斗紧紧夹住。振动台装有制动器，使电动机在停车 5s 内停止转动。振动台应固定在混凝土基础座上。振动台应符合《水泥胶砂振动台》（JC/T 723—2005）的质量要求。

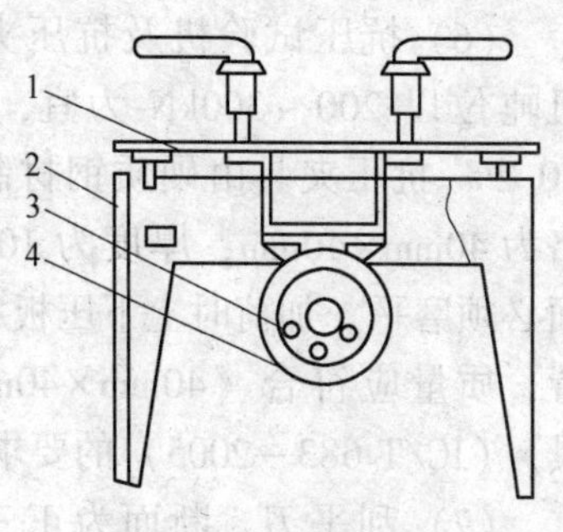

图 8-25　胶砂振动台
1—台面；2—弹簧；
3—偏重轮；4—电动机

（3）下料漏斗如图 8-26 所示，由漏斗和套模组成。套模与试模匹配，漏斗可将拌合物同时漏入三联试模的每个模内。下料口宽度为 4～5mm，模套高度为 25mm，用金属材料制造，下料漏斗质量为 2.0～2.5kg。

（4）试模如图 8-27 所示，试模应符合《水泥胶砂试模》（JC/T 726—2005）的规定：可装卸的 40mm×40mm×160mm 三联试模，由隔板、端板、底板组成。组装后三板内壁各接触面应相互垂直。模槽宽度和高度为均为 40.0±0.2mm。

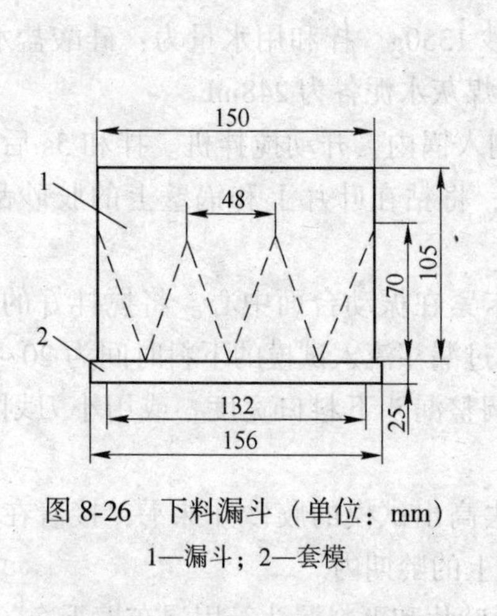

图 8-26　下料漏斗（单位：mm）
1—漏斗；2—套模

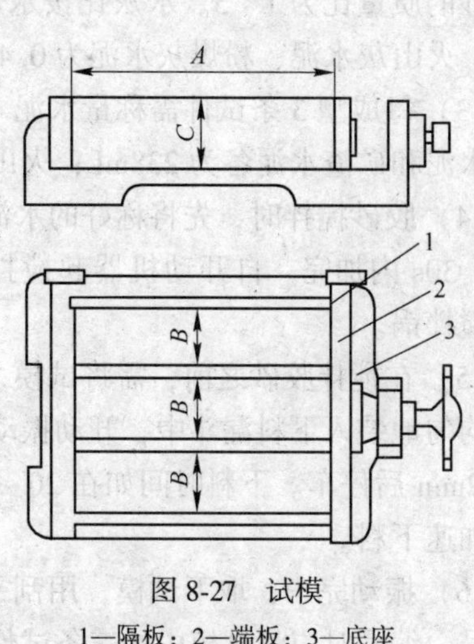

图 8-27　试模
1—隔板；2—端板；3—底座
A—160mm；B，C—40mm

（5）抗折试验机及抗折夹具。一般用双杠杆式电动抗折试验机，也可用性能符合要求的其他试验机。抗折试验机应符合《水泥胶泥电动抗折试验机》（JC/T 724—2005）中的规定。目前我国电动抗折试验机杠杆臂比为 1∶50，按最大负荷分 500kg 与 600kg 两种。电动抗折试验机由底座、立柱、上梁、长短拉杆、大小杠杆、扬角指示板、抗折夹具、游动砝码、大小平衡铊、传动电机、传动丝杆及电器控制箱等零部件组成，其主要部件示意如图 8-28 所示。它的加荷方式是通过电动机带动传动丝杆而推动固定质量的砝码向前移动以改变力臂来实现的。抗折夹具应符合 JC/T 724—2005 中的规定：加荷与支撑圆柱直径 10mm，两个支撑圆柱必须在同一个水平上，其中心距为 100mm。加荷圆柱应处于两个支撑圆柱的中央，并与其平行。加荷与支撑圆柱必须用硬质钢材制造。

(6) 抗压试验机及抗压夹具。抗压试验机吨位以 200～300kN 为宜，误差不得超过±0.2%。抗压夹具由硬质钢材制成，加压板规格为 40mm×40mm，厚度为 10±0.1mm，加压面必须磨平。加荷时上下压板相互对准水平位置，质量应符合《40mm×40mm 水泥抗压夹具》(JC/T 683—2005) 的要求。

(7) 刮平刀。断面为正三角形，有效长度为 26mm，包括两个手柄的总长度为 32mm。

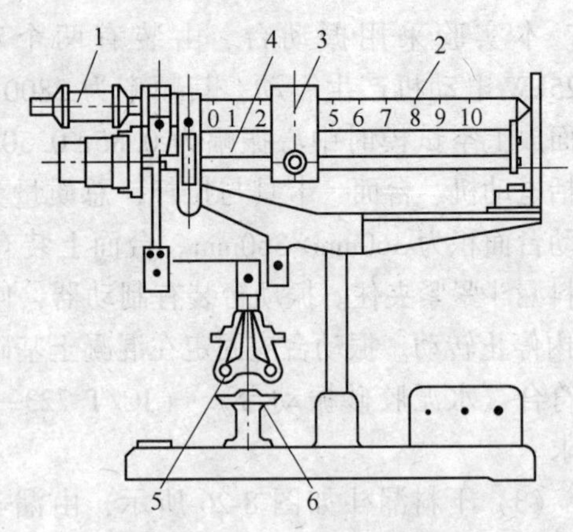

图 8-28　电动抗折试验机

1—平衡铊；2—大杠杆；3—游动砝码；4—丝杆；5—抗折夹具；6—手轮

三、实验步骤

(一) 试件成型

(1) 将试模擦净，四周模板与底座的接触面上应涂黄干油，紧密装配，防止漏浆，内壁均匀刷一薄层机油。

(2) 标准砂应符合《水泥强度试验用标准砂》(GB 178—1997) 质量要求。水泥与标准砂的质量比为 1∶3。水灰比按水泥品种而定，硅酸盐水泥、普通水泥、矿渣水泥为 0.44；火山灰水泥、粉煤灰水泥为 0.46。

(3) 每成型 3 条试件需称量水泥 450g，标准砂 1350g。拌和用水量为：硅酸盐水泥、普通水泥和矿渣水泥各为 238mL；火山灰水泥和粉煤灰水泥各为 248mL。

(4) 胶砂搅拌时，先将称好的水泥与标准砂倒入锅内，开动搅拌机。拌和 5s 后徐徐加水，30s 内加完。自开动机器起搅拌 3min 停车，将粘在叶片上和锅壁上的胶砂刮下，取下搅拌锅。

(5) 在搅拌胶砂之前，需将试模及下料漏斗卡紧在振动台面中心。将搅拌好的全部胶砂均匀地装入下料漏斗中，开动振动台，胶砂通过漏斗流入试模的下料时间为 20～40s，振动 2min 后停车。下料时间如在 20～40s 以外需调整漏斗下料口宽度，或用小刀划动胶砂以加速下料。

(6) 振动完毕，取下试模，用刮平刀轻轻刮去高出试模的胶砂并抹平，接着在试件上编号，编号时应将试模中的三条试件分在两个以上的龄期内。

(7) 检验前或更换水泥品种时，应将搅拌锅、叶片和下料漏斗等用湿布擦干净。

(二) 养护

(1) 试件编号后，将试模放入水泥混凝土恒温恒湿标准养护箱中养护（温度 20±3℃，相对湿度大于 90%），箱内箅板必须水平，养护 24±3h 后取出脱模，脱模时应防止试件损伤，硬化较慢的水泥允许延期脱模，但需记录脱模时间。

(2) 试件脱模后即放入水槽中养护，养护水温应为 20±2℃，试件之间应留有间隙，水面至少高出试体 20mm，养护水每周换一次。

(三) 抗折强度的检测

(1) 各龄期必须在规定的 1d±1h、3d±2h、7d±3h、28d±8h 时间内进行检测，取出试样先做抗折强度检测。检测前需擦去试件表面的水分和砂粒，清除夹具上圆柱表面黏着的杂物。试件放入抗折夹具内，应使试件侧面与圆柱接触。

（2）实验前，首先接通电源，按下游动砝码上的按钮，用手推动游动砝码左移归零，使游动砝码上游标的零线对准标尺的零线。

（3）将试件放入夹具内，以夹具上的对准板由手感及目测对准，转动夹具下面的手轮，使下拉架上的加荷辊与试件接触，并继续转动一定角度，使大杠杆有一定扬角。

（4）按启动按钮，电动机立即转动丝杆推动游动砝码右移，机器开始加荷，大杠杆逐渐下沉，在大杠杆接近水平时，试件断裂，大杠杆下落，处于大杠杆右面端头的限位开关撞板推动限位开关，断开电机电源，电动机立即停转，此时便可从游标的刻线与标尺，读出试样抗折强度值或破坏荷载值 F。

（5）实验结果

按式（8-43）计算抗折强度值：

$$R_{\mathrm{f}} = \frac{1.5F_{\mathrm{f}}L}{bh^2} \tag{8-43}$$

式中 R_{f}——抗折强度，MPa；

F_{f}——折断时施加于棱柱体中部的破坏荷载，N；

L——支撑圆柱中心距，100mm；

b——试样中部的宽度，mm；

h——试样中部的高度，mm。

抗折强度检测结果取 3 块试件平均值为准，当 3 个强度值中有 1 个超过平均值的±10%时，应予剔除，以其余 2 个数值平均作为抗折强度实验结果，如有 2 个试件的检测结果超过平均值的±10%时，应重做检测，结果精确到 0.1MPa。

（四）抗压强度的检测

（1）抗折实验后的两个断块应立即进行抗压实验，抗压实验需用抗压夹具进行，试件受压面为 40mm×40mm。实验前应清除试件的受压面与加压板间的砂粒或杂物，实验时以试件的侧面作为受压面，夹具的一面应与试样的未破坏侧面对齐，并使夹具对准压力板中心。

（2）下降压力机上承压板，使其距抗压夹具顶面略有空隙。开始加压，抗压实验加荷速率应控制在 2400±200N/s 范围内。一般来说，加荷速率快，强度偏高，反之则低，尤其是当试件接受破坏时，要防止加荷过猛。实验结束自动停止，记录破坏荷载。

（3）实验结果。按式（8-44）计算抗压强度值（精确至 0.1MPa）：

$$R_{\mathrm{c}} = \frac{F_{\mathrm{c}}}{A} \tag{8-44}$$

式中 R_{c}——抗压强度，MPa；

F_{c}——破坏荷载，kN；

A——受压面积，m^2。

在 6 个抗压强度结果中剔除最大、最小 2 个数值，以剩下 4 个的平均值作为抗压强度检测结果。如果 4 个测定值中有超过他们平均值±10%的，则此数据作废，必须重新实验。如不足 6 个时，取平均值，不足 6 个时，应重做实验。

四、思考题

怎样对抗折强度、抗压强度的数据进行取舍？

第37节　实验8-37　水泥胶砂流动度测定

一、实验目的

（1）了解测定水泥胶砂流动度的意义。

（2）掌握测定水泥胶砂流动度的方法。

（3）了解影响水泥胶砂流动度的因素，比较水泥的需水性。

二、实验原理

GB/T 2419—2005 详细规定了水泥胶砂流动度的测定方法。测定水泥胶砂流动度是检验水泥需水性的一种方法。不同的水泥配制的胶砂要达到相同的流动度，调拌胶砂所需的用水量不同，通过本实验可知，不同的水泥其需水性不同。当用胶砂达到规定流动度所需的水量（用水灰比表示）来控制胶砂加水量时，能使所测试的胶砂物理性能具有可比性。

水泥胶砂流动度是水泥胶砂可塑性的反映。用流动度来控制胶砂加水量，能使胶砂物理性能的测试建立在准确可比的基础上。用流动度来控制水泥胶砂强度成型加水量，所测得的水泥强度与混凝土强度间有较好的相关性，更能反映实际使用效果。水泥胶砂流动度用跳桌法测定，胶砂流动度以胶砂在跳桌上按规定进行跳动实验后，用底部扩散直径的毫米数表示流动性好坏。扩散直径越大，表示胶砂流动性越好。胶砂达到规定流动度所需的水量较大时，则认为该水泥需水性较大；反之，需水性较小。

三、实验仪器设备

（1）水泥胶砂搅拌机如图 8-29 所示。

（2）跳桌。跳桌是水泥胶砂流动度测定仪的简称。一类是手动跳桌，如图 8-30 所示，跳动部分主要由圆桌桌面和锥杆组成，总质量为 4.35±0.15kg，且以锥杆为中心均匀分布，圆盘桌面为布氏硬度不低于 200HB 的铸钢，直径为 300±1mm，厚度约为 5mm。其上表面应光滑平整，并镀硬铬，表面粗糙度在 0.8～1.6 之间。从圆盘外缘指向中心有 8 条线，相隔 45°分布，桌下面有 6 根辐射状筋，相隔 60°均匀分布。圆盘表面的平面度不超过 0.10mm。跳动部分下落瞬间，拖轮不应与凸轮接触，跳桌落距为 10.0±0.2mm。推杆与机架孔的公差间隙为 0.05～0.10mm。

另一类是自动跳桌，目前有国产 DJZ-1 型电动跳桌（见图 8-31）和 NLD-2 型水泥胶砂流动度测定仪等。

（3）试模和捣棒：用金属材料制成，由截锥圆模和模套组成，截锥圆模内壁应光滑，尺寸为：高度 60±5mm，上口内径 70±5mm，下口内径 100±0.5mm，下口外径 120mm，模套与截锥圆模配合使用。同时配备金属材质的捣棒，直径 20±0.5mm，长度约为 200mm，底面与侧面垂直，上部手柄滚花，下部光滑。

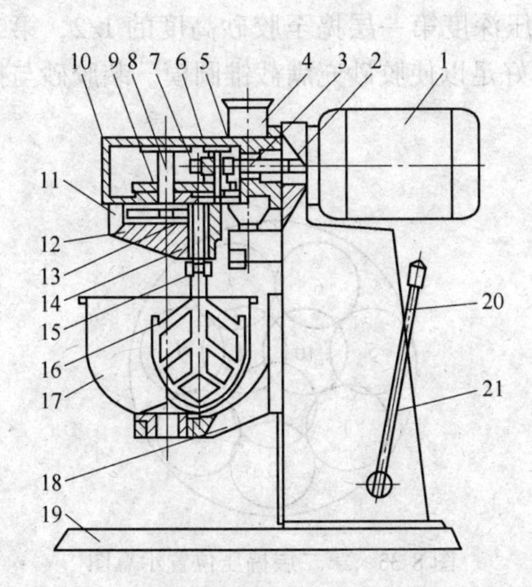

图 8-29　JJ-5 型水泥胶砂搅拌机

1—电机；2—联轴套；3—蜗杆；4—漏沙斗；5—传动箱盖；6—蜗轮；7—齿轮；8—主轴；9—齿轮Ⅱ；10—传动箱；11—内齿轮；12—偏心座；13—行星齿轮；14—搅拌叶轴；15—调节螺母；16—搅拌叶；17—搅拌锅；18—支座；19—底座；20—手柄；21—立柱

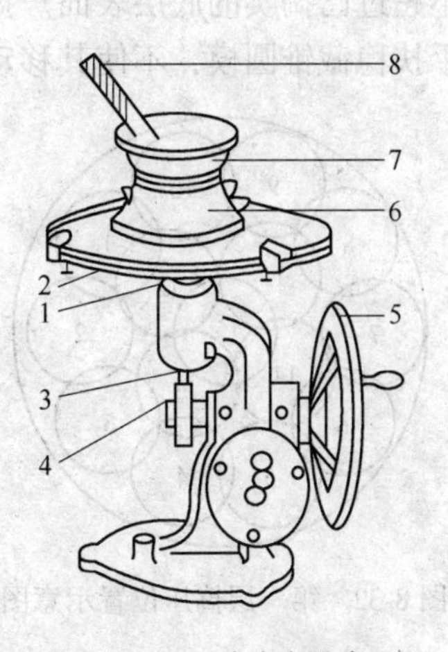

图 8-30　手动式跳桌

1—推杆；2—圆盘；3—拖轮；4—凸轮；5—手轮；6—截锥圆模；7—模套；8—捣棒

（4）尺子：量程为 200mm。

（5）刀子：刀口平直，长度大于 80mm。

（6）天平：量程不小于 1000g，分度值不大于 1g。

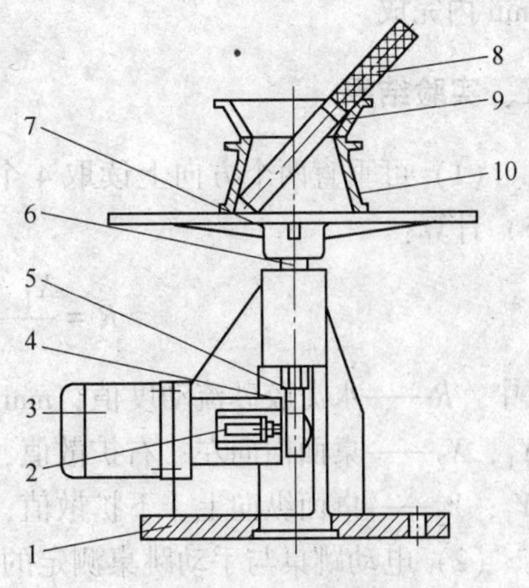

图 8-31　电动式跳桌

1—机架；2—接触开关；3—电机；4—凸轮；5—轴承；6—推杆；7—圆盘桌面；8—捣棒；9—模套；10—截锥圆模

四、实验步骤

（1）实验前先进行跳桌空运转，以检验各部位是否正常。

（2）准备：按照水泥与标准砂的质量比为 1∶3 称取水泥 450g，ISO 标准砂 1350g，并按预定的水灰比计算并量取混合用水。

（3）用湿布擦拭测定仪跳桌台面、截锥圆模、模套的内壁、圆柱捣棒和与胶砂接触的刀子，并把截锥圆模及模套置于跳桌台面中心（可对准刻度板 R60 的刻度），盖上湿布。

（4）胶砂的制备：事先用湿布将搅拌锅内壁擦湿，将称好的水泥与标准砂倒入搅拌锅内，开动搅拌机，拌和 5s 后徐徐加入水，20～30s 加完，自开动机器起搅拌 180±5s 停车。将粘在叶片上的胶砂刮下，取下搅拌锅。

（5）将拌好的水泥胶砂迅速地分两层装入试模内，第一层装至截锥圆模高的 2/3 处，用刀子在垂直两个方向各划 5 次，再用捣棒自边缘至中心均匀捣压 15 次，如图 8-32 所示。接着装第二层胶砂，装至高出截锥圆模约 20mm，同样用刀子划 10 次，再用捣棒自边缘至中心均匀捣压10次，如图8-33所示。捣压深度第一层捣至胶砂高度的1/2，第二层捣至不超过已捣实的底层表面。捣压力量应恰好足以使胶砂充满截锥圆模。装胶砂与捣压时用手扶稳截锥圆模，不使其移动。

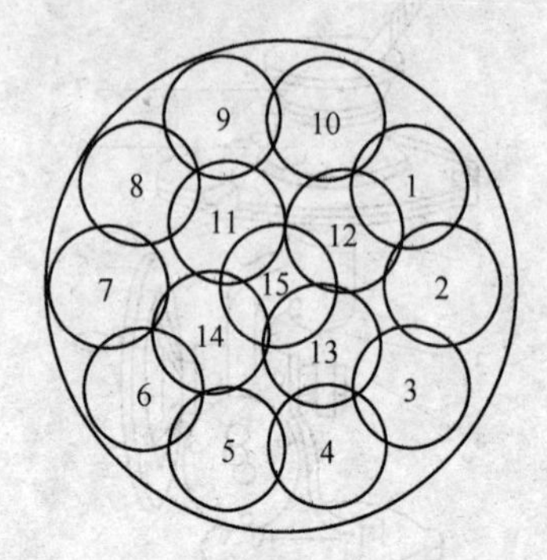

图8-32 第一层捣压位置示意图

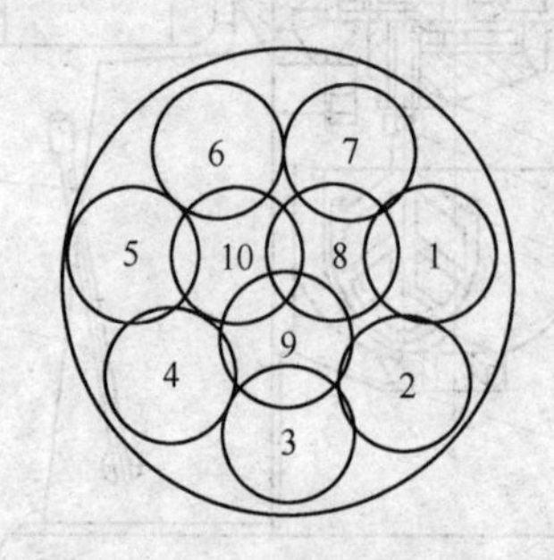

图8-33 第二层捣压位置示意图

（6）捣压完毕，取下模套，用刀子由中间向边缘分两次将高出截锥圆模的胶砂刮去并抹平，擦去落在桌面上的胶砂。将截锥圆模垂直向上轻轻提起。立刻按动绿色按钮开动跳桌，测定仪可振动部分以每秒一次的恒定频率连续振动，30次后自动停止。

（7）跳动完毕后，用卡尺或直接在刻度板上之精密刻线测量水泥胶砂底部的扩散直径，取相垂直的两直径的平均值为该水量的水泥胶砂流动度，取整数，用mm为单位表示。即为该水量的水泥胶砂流动度实验，从水泥胶砂装入试模到测量扩散直径结束，应在3min内完成。

五、实验结果

（1）可垂直两个方向上读取4个数值而后计算流动度值。流动度值（R）按式（8-45）计算：

$$R = \frac{X_1 + X_2 + Y_1 + Y_2}{2} \quad (\text{mm}) \tag{8-45}$$

式中 R——水泥胶砂流动度值，mm；

X_1，X_2——桌面横向左、右扩散值，mm；

Y_1，Y_2——桌面纵向上、下扩散值，mm。

（2）电动跳桌与手动跳桌测定的实验结果发生争议时，以电动跳桌为准。

第38节 实验8-38 水泥工艺创新性实验

一、实验目的

通过水泥工艺创新性实验，加深对水泥知识的理解，培养学生的创新能力。水泥创新性实验课题的内容以水泥材料制备（研制）为主，如普通硅酸盐水泥的制备、新型碱式硫酸镁水泥的研制。实验课题以加深学生对专业知识的理解和掌握、培养学生能力为主要原则来确定。在此基础上，考虑课题的灵活性、多样化，它可以是指导教师指定的课题，教学方面有关理论的课题，生产中待解决的实际课题，也可以是根据学生的创造性，自选的感兴趣的课题。

二、实验准备

（1）查阅参考文献。查阅大量与研究课题相关的文献资料。在参考文献资料的基础上结合所学的知识，进行课题立题，列出立项依据，如理论基础、现实意义、预期的社会效益和经济效益、实验的可行性等，必要时要经过答辩，经通过有关指导教师批准才可立题。然后编写开题报告，开题报告内容一般包括课题的名称、课题的国内外研究现状、课题的目的和意义、所研制材料的特点、具体方案、实施手段、测试方法、实验内容、工作计划与日程安排等。

（2）原料的准备。

1）选用天然矿物原料及工业废渣或化学试剂原料：如石灰石、黏土、铁粉，校正与辅助原料，要根据主要原料成分是否满足要求决定取舍，包括制备特种水泥所需原料。

2）石膏与特种原料：石膏，混合材料（粒化高炉矿渣、火山灰质混合材料、粉煤灰等）。

3）燃料：各种原料根据需要进行烘干、破碎、磨粉等前期处理，处理过的原材料要用桶或用塑料袋等封存，并编号贴上标签。各种原材料一般都需要进行全分析，需要时还应做某些物理性质检验。固体燃料要做工作分析、水分与热值分析。

三、实验步骤

（一）制备合格的生料

（1）根据原料的分析数据，进行配料计算，要考虑如下问题：

1）生料化学组成与原料配合是否协调；

2）原料的易碎性与易磨性实验效果；

3）生料化学组成与其反应活性的影响因素、细度最佳范畴与生料均化措施；

4）生料率值的选择与确定原则；

5）根据实验项目与组数预先计划好生料用量。

（2）制备合格生料要做如下实验工作：

1）生料磨粉及细度检验，需要时还应检验生料的易磨性；

2）生料碳酸钙滴定值测定；

3）生料化学成分全分析（包括灼烧减量）；

4）生料易烧性实验；

5）立窑生料还要做可塑性试验以及料球水分、料球强度、炸裂温度及含煤量等检验。

（3）生料的成型：为便于固相反应—液相扩展以获得优质熟料必须将生料制成料饼。料饼可在压力机下用圆试模加压成型；料球可在成球盘上成球或用人工成球，制成的料饼或料球均应干燥后再入炉煅烧，以免在高温炉内炸裂。

（二）熟料的制备与质量检验

（1）煅烧熟料用仪器、设备及器具。

1）放置生料饼（或球）的器具：一般可根据生料易烧性确定最高煅烧温度及范围，选用坩埚或耐火匣钵。煅烧温度：刚玉坩埚可耐热 1350～1480℃；高铝坩埚可耐热 1350℃。坩埚在烧成过程中不应与熟料发生反应，如发生反应时，必须将反应处的局部熟料弃除。耐火器具的选择应确保在煅烧温度下不会破裂，以免高温液相渗出损坏炉子。

2）高温电炉：根据最高烧成温度选用。常用电炉的发热元件为硅钼棒或硅碳棒或电阻丝，煅烧温度以硅钼棒为最高，可耐热 1500℃以上；电阻丝最低，一般在 1000℃以下使用。

3）热电偶：用标准热电偶在一定条件下校正。

4）供熟料冷却、炉子降温和散热用的吹风装置或电风扇及取熟料用的长柄钳子、防护眼镜或面具、石棉手套以及干燥器或料筒等。

（2）正确选择热工制度。为获得优质、高产、低消耗的熟料要考虑如下问题：

1）熟料的矿物组成与生料化学成分的关系；

2）熟料反应机制和反应动力学有关的理论知识；

3）固相反应的活化能及固相反应扩散系数等；

4）熟料液相烧结与相平衡的关系；

5）微量元素对熟料烧成的影响，矿化剂与助熔剂的作用和效果；

6）生料易烧性与熟料烧成制度的关系；

7）熟料煅烧的热工制度对熟料质量的影响；

8）熟料的冷却制度对其质量的影响。

（3）熟料质量检验。

1）熟料化学成分全分析，并根据分析数据计算熟料的矿物组成；

2）熟料岩相检验；

3）熟料游离氧化钙的测定；

4）熟料易磨性检验；

5）掺适量石膏于熟料中，磨细至要求的细度后，做全套的物理检验，包括标准稠度用水、凝结时间和安定性及强度检验，并确定熟料标号。

（三）水泥品种及水泥性能检验

（1）将煅烧所得熟料，按所设计的水泥品种，根据有关标准进行实验，以确定水泥品种和标号、适宜的添加物（如石膏和混合材等）掺量和粉磨细度等。如是硅酸盐水泥熟料，则除了可单掺适量石膏制成Ⅰ型硅酸盐水泥外，还可根据掺加混合材的类别与数量不同，制成Ⅱ型硅酸盐水泥、普通硅酸盐水泥、矿渣硅酸盐水泥、火山灰硅酸盐水泥、粉煤灰硅酸盐水泥、复合硅酸盐水泥和石灰石硅酸盐水泥等。硫铝酸盐熟料则可通过调节外掺石膏数量制成膨胀硫铝酸盐水泥、自应力硫铝酸盐水泥或快硬硫铝酸盐水泥。同一种熟料可根据不同需求研制同系列不同品种的水泥。

（2）除按有关标准检验外，也可根据课题性质，自行设计实验检验水泥性能，这尤其适用于进行科学研究和开发新品种水泥。

（3）一些特种水泥除常规检验项目外，还需进行特性检验，如：中热水泥和地热矿渣水泥需测定水泥的水化热；道路水泥需检验水泥的耐磨性；膨胀水泥需测定水泥净浆的膨胀率等，必要时还应做微观测试项目的检测。

四、实验结果

(1) 有针对性地进一步查阅资料、文献以充实理论与课题。

(2) 将实验得到的数据进行归纳、整理与分类并进行数据处理与分析，找出规律性，得出结论。如果认为某些数据不可靠，可补做若干平行验证实验，对比后决定数据取舍。

(3) 根据拟题方案及课题要求写出总结性实验报告。一般来说，报告内容包括所制备（研制）水泥的特点、国内外水泥生产的现状、课题的目的和意义、原理、原料化学组成、配料计算结果、制备工艺、技术路线、工艺制度、测试方法及有关数据、常规与微观特性检验的数据、图片或图表、试制经过及结论，并提出存在的问题。

如果是论文或科研课题，要对某一专题研究的深度提出观点、论点，尽可能按科研论文的要求完成论文。在论文最后应按发表论文的要求列出参考文献。

第 39 节　创新性实验报告

一、实验类型

实验教学是学校对学生进行理论联系实际教育，培养学生综合能力不可或缺的最佳的手段。实验总的来说可以分为以下几种类型。

(1) 演示性实验：指为便于学生对客观事物的认识，以直观演示的形式，使学生了解其事物的形态结构和相互关系、变化过程及其规律的教学过程。

(2) 验证性实验：以加深学生对所学知识的理解，掌握实验方法与技能为目的，验证课堂所讲某一原理、理论或结论，以学生为具体实验操作主体，通过现象观察、数据记录、计算、分析直至得出被验证的原理、理论或结论的实验过程。

(3) 综合性实验：是指实验内容涉及本课程的综合知识或与本课程相关课程知识的实验。

(4) 设计性实验：是指给定实验目的、要求和实验条件，由教师给定实验目标，学生自行设计实验方案并加以实现的实验。

(5) 创新性实验：是高等学校本科教学质量与教学改革工程的重要组成部分，其内容主要包括：

1) 目的任务。计划的实施，旨在探索并建立以问题和课题为核心的教学模式，倡导以本科学生为主体的创新性实验改革，调动学生的主动性、积极性和创造性，激发学生的创新思维和创新意识，逐渐掌握思考问题、解决问题的方法，提高其创新实践的能力。

2) 实施目标。通过开展实施计划，带动广大的学生在本科阶段得到科学研究与发明创造的训练，改变目前高等教育培养过程中实践教学环节薄弱、动手能力不强的现状，改变灌输式的教学方法，推广研究性学习和个性化培养的教学方式，形成创新教育的氛围，建设创新文化，进一步推动高等教育教学改革，提高教学质量。

二、实施目的

随着改革开放和市场经济的合理运行，自1999年高考大扩招以来，社会更加需要综合型、复合型人才。近些年，国家对适龄青年有普及高等教育的趋势，这就更加要求大学毕业生具有较强的动手和动脑能力、卓越的才华以及非凡的创新精神，为走向社会实现“大众创业、万众创新”打下坚实的基础。为了提高这些能力，学生实验教学环节中不仅要做演示性实验、验证性实验，还要做综合性、设计性、创新性实验。

目前国家设立了“国家大学生创新性实验计划项目”，这对在校大学生和高校教师热心创新、热心科研起到很好的激励作用。根据目前高校教育的总体形势，在高校教育中存在着许多问题，受社会人才需求多样化的影响，高校教育面临着从规模增长向培养质量、应试教育向素质教育、一次性教育向终身教育、知识教育向方法教育等的转变。高校教育工作者，作为素质教育的直接实施者，要主动适应高校教育形势的转变，树立创新创业的教学理念，注重讲好课、讲出有价值的课，积极探索过程和结果、知识和能力、课内和课外有机结合的多样化教学方式和科学评价体系，以人才培养为中心，提高教学质量。教育工作者有责任和义务在培养学生基本专业技能的同时，启发学生的发散思维，培养学生的创新创业意识。本节为学生提出了创新实验的思路，希望对学生的培养有一定帮助。

创新性实验不是孤立存在的，它离不开基础实验的操作、设备的使用，也离不开综合性实验和设计性实验的思维和方法。创新性实验不仅打破了各个实验项目简单罗列、条块分割、孤立进行的状况，还有利于调动和发挥学生的主观能动性和学生个性的培养，理论联系实际，培养学生的综合能力，同时也建立了一种新型的实验教学形式和方法，有助于提高学生的创新意识。通过创新性实验使学生受到成为工程师和科学家的基本技能训练，加深对专业理论知识的理解、掌握、记忆和运用，重点是培养和提高学生的动手能力，培养和提高学生的自主学习、独立思考、综合运用专业知识、独立进行提出问题、分析问题、解决问题的能力，培养和提高学生的创新能力和自主创业能力。

总之就是根据实际选题的需要，将各个孤立的实验，通过课题内容的需求，有机地贯穿起来，成为一体。一般由指导教师制定一种无机非金属材料（可以是现有材料，也可以是拟研制的新材料）或学生自选的一种感兴趣的材料为对象，让学生自己设计材料的成分与性质，制定制备（实验）工艺制度（技术路线），自己动手制备材料，确定要测定的性能和性能测定的方法。一般来说，如果实验所选材料是一种现有材料，则称为设计性实验。如果所选材料为拟研制的新材料，或在现有材料的原料、性能、工艺等进行多方面的改进，则称为创新性实验。

三、实施方法

开展创新性实验工作一定要有充分的准备和合理的组织安排。实验指导教师要广泛收集、整理材料，结合实际情况，做好选题、指导、检查、考核工作。指导学生开展有实验课题的研究，包括实验项目和课题的来源背景及提出、所用实验设备名称及基本性能、实验材料、实验目的、实验基本要求、实验基本原理、参考思路等。

创新性实验对指导教师提出了更高的要求，指导教师一定要认真准备，严格要求，精心指导，及时解决各阶段所出现的问题，使创新性实验安全、顺利完成，达到实验目的。

有的时候还需要理论课程主讲教师和实验指导教师合理配合，理论课程教学内容方法改革和实验教学内容方法改革同时进行，有时还需要与教师的科研实践和指导学生的毕业论文课题实验相结合。学院、专业系和实验中心，给予积极的协助和配合，教师和学生需要花费大量的时间和精力，才能够更好地、合理地完成这一环节的实验教学工作，共同完成对学生的培养。

同时，实验教学对学生的实验成绩考核制度进行改革，要求学生按照科研论文的形式撰写实验报告，并可进行实验答辩。指导教师根据学生实验前期的准备工作、实验过程、实验报告、答辩情况综合给出实验成绩。增加的综合论文和答辩环节能充分挖掘学生学习潜力，激发学习主动性，锻炼总结、归纳等综合能力及表达能力。使学生更加重视实验的前期准备和实验过程，防止学生最终抄一份实验报告就完事大吉的情况出现，为实验教学内容、方法和考核方法实践出一条新的途径。

学生应该严格按照指导教师和实验的要求进行实验。选题尽可能早准备，最好能在无机非金属材料工艺学（耐火材料工艺学、陶瓷工艺学、玻璃工艺学、胶凝材料工艺学）课程开课的同时让每个学生确定自己的课题，也可以 3~5 人为一个小组，做相类似的课题，既有分工又有合作，让学生带着课题的问题有针对性地进行学习，一边学习一边设计自己的课题，有助于提高学生的学习兴趣，也有利于学生真正进行大学生创新创业训练计划项目的准备和实施。实验阶段最好安排在理论课程结束后，建议集中在第七学期后半学期或是第八学期前半学期进行，时间相对集中，执行起来比较方便，教学效果更好一些。

教材对学生给出以上指导性的意见，学生广泛收集整理资料，可以海阔天空地设计实验，包括所用无机非金属原材料、制备工艺、研究方法、测定方法、与金属和有机的复合材料可以创新，感兴趣的黑色冶金、有色冶金、建材、化工、机械、能源、交通等所用的新材料也可以进行创新性实验。

四、教学效果

经过创新性实验教学的进行，强化学生对理论知识的理解和掌握，提高学生的实践动手能力，培养学生独立分析、解决问题能力和创新能力。

（1）教学内容和课程体系创新。创新性实验的设立打破了原有耐火材料、陶瓷、玻璃、胶凝材料工艺学课程彼此独立分散的传统体系，构建了符合无机非金属材料工艺学内在规律、完整、有机的全新课程体系。

（2）实验考核方法的改革创新。防止原来只凭实验报告就评定成绩的情况发生，学生报告几个版本，成绩评定与分布不合理。以实验准备、实验过程、实验报告、实验答辩四部分综合评定成绩，更加公平、合理。同时极大提高学生积极参与实验的兴致，多劳多得，亲力亲为才能取得较好的成绩。

（3）与毕业论文实验合理衔接。学生经过调查研究，合理设计实验课题，通过文献资料的收集、整理，对科研题目有一定的了解，在进行实验过程中，对毕业论文（设计）环节有了一定的积累，为其顺利进行打下良好的基础，可以延伸进行工作。

（4）学生工程应用能力的培养。通过创新性实验，模拟材料实际制造过程，培养学生工程应用能力。建立了组成设计、制备技术与材料性能的内在联系，提高了学生分析问题、解决问题的实践能力，强化撰写科研论文的能力。

五、实验报告

学生在实验课程结束后，仅仅完成操作过程和数据记录与分析是不够的，必须完成相应的实验报告，这是实验过程的重要环节。实验报告是学生动手能力、写作能力的体现，是实验水平的证明。对于创新性实验报告，建议由以下几部分组成：

（1）必需交代清楚基本信息，如实验者的专业、班级、姓名、学号、项目名称、同组人情况、时间、地点、指导教师等情况。

（2）实验目的。首先应明确的问题，为什么要进行实验，注重能力的培养。

（3）实验原理。可以用自己的语言、图、表、公式等表述复杂的理论。

（4）基本定义、术语。对其表述要严谨。

（5）实验设备、仪器、材料、药品。写明规格、型号、数量、品质等信息，以有限的资源尽可能获取较大的收益。

（6）实验内容与步骤。按照设计方案，清晰合理安排。

（7）实验注意事项。注意实验物品和人身安全的防护，排除不合理因素，确保实验顺利安全进行。

（8）实验记录与数据分析。不放过任何一个实验过程中的细节，数据真实、可靠，利用合理手段进行科学分析。

（9）实验结果与结论。排除不确定性因素，重复进行实验，得出正确的实验结果与结论。

（10）实验分析与讨论。对实验过程、现象和结果进行合理分析，对多种影响因素进行讨论。

（11）回答思考题。认真回答问题，能够解释实验现象所产生的原因。

（12）心得体会。对实验过程、所学知识的总结，对今后工作的启发。

（13）实验的创新点。所设计并实施实验的创新之处，与其他实验的区别。

（14）对生产、科研提出建设性意见。通过创新性实验，得到一定的结论，对科研生产实践起到参考和指导意义。

参考文献

[1] 陆佩文．无机材料科学基础（硅酸盐物理化学）（重排本）［M］．武汉：武汉理工大学出版社，1996.
[2] 周永强，等．无机非金属材料专业实验［M］．哈尔滨：哈尔滨工业大学出版社，2002.
[3] 王培铭，等．材料研究方法［M］．北京：科学出版社，2005.
[4] 杨世铭，等．传热学（第4版）［M］．北京：高等教育出版社，2006.
[5] 王富耻．材料现代分析测试方法［M］．北京：北京理工大学出版社，2006.
[6] 李红霞，等．耐火材料手册［M］．北京：冶金工业出版社，2007.
[7] 高里存，等．无机非金属材料实验技术［M］．北京：冶金工业出版社，2007.
[8] 周曦亚，等．无机材料显微结构分析［M］．北京：化学工业出版社，2007.
[9] 常钧，等．无机非金属材料工艺与性能测试［M］．北京：化学工业出版社，2007.
[10] 葛山，等．无机非金属材料实验教程［M］．北京：冶金工业出版社，2008.
[11] 王涛，等．无机非金属材料实验［M］．北京：化学工业出版社，2008.
[12] 黄新友．无机非金属材料专业综合实验与课程实验［M］．北京：化学工业出版社，2008.
[13] 潘清林．材料现代分析测试实验教程［M］．北京：冶金工业出版社，2011.
[14] 杨南如．无机非金属材料测试方法（重排本）［M］．武汉：武汉理工大学出版社，2011.
[15] 伍洪标，等．无机非金属材料实验（第2版）［M］．北京：化学工业出版社，2011.
[16] 宋晓岚，等．无机材料专业实验［M］．北京：冶金工业出版社，2013.
[17] 徐风广．无机非金属材料制备及性能测试技术［M］．上海：华东理工大学出版社，2013.
[18] 张锐，等．陶瓷工艺学［M］．北京：化学工业出版社，2013.
[19] 孙晋涛．硅酸盐工业热工基础（重排本）［M］．武汉：武汉理工大学出版社，2014.
[20] 徐勇，等．X射线衍射测试分析基础教程［M］．北京：化学工业出版社，2014.
[21] 林彬荫，等．耐火材料原料［M］．北京：冶金工业出版社，2015.
[22] 全国耐火材料标准化技术委员会，等．耐火材料标准汇编（第5版）［M］．北京：中国标准出版社，2015.
[23] 李志辉，等．实验中心在实践教学中的作用［J］．辽宁科技大学学报，2013，36（3）：334-336.
[24] 李志辉，等．《陶瓷工艺学》课程基于卓越计划的综合改革［J］．中国校外教育，2014（3）：106.
[25] 李志辉，等．应用材料综合性实验教学改革［J］．课程教育研究，2014（34）：231.
[26] 李志辉，等．固相反应动力学实验优化［C］．中国素质教育论坛——与素质教育同行．北京：现代教育出版社，2015.